安阳市野生园林绿化植物资源

刘芳辉　张新芳　王瑞攀　主编

黄河水利出版社

·郑州·

内 容 提 要

　　本书介绍了安阳市自然环境状况、植被和维管束植物资源概况;详细介绍了安阳市野生观赏植物资源主要种类、分布、数量,列出安阳市野生观赏植物名录,包括 92 科 526 种植物(含变种、亚种),其中蕨类植物 13 科 61 种(含变种、亚种),裸子植物 3 科 5 种,被子植物 76 科 460 种(含变种、亚种);对主要野生观赏植物的形态特征、分布范围及园林应用价值进行了详细介绍,对安阳市野生观赏植物开发利用、丰富园林绿化植物资源具有重要意义。

　　本书可作为林木良种选育、绿化植物资源收集、林木种质资源保存与开发利用等方面教学、科研参考书,也可作为林业、园林工作者及植物爱好者的工具书和科普书。

图书在版编目(CIP)数据

安阳市野生园林绿化植物资源 / 刘芳辉,张新芳,王
瑞攀主编. —郑州:黄河水利出版社,2021.11
　　ISBN 978 - 7 - 5509 - 3157 - 2

　　Ⅰ. ①安… 　Ⅱ. ①刘… ②张… ③王… 　Ⅲ. ①野生植
物 - 植物资源 - 安阳 　Ⅳ. ①Q948.526.13

中国版本图书馆 CIP 数据核字(2021)第 235886 号

出　版　社:黄河水利出版社　　　　　　　　　网址:www.yrcp.com
　　　　　　地址:河南省郑州市顺河路黄委会综合楼 14 层　　邮政编码:450003
发行单位:黄河水利出版社
　　　　　　发行部电话:0371 - 66026940、66020550、66028024、66022620(传真)
　　　　　　E-mail:hhslcbs@ 126.com
承印单位:广东虎彩云印刷有限公司
开本:787 mm × 1 092 mm　　1/32
印张:7.25
字数:210 千字　　　　　　　　　　　　　　　印数:1—1 000
版次:2021 年 11 月第 1 版　　　　　　　　　印次:2021 年 11 月第 1 次印刷

定价:45.00 元

《安阳市野生园林绿化植物资源》
编委会

前　言

　　林木种质资源是林木良种选育的物质基础,是林木遗传多样性的载体,生物遗传多样性是生产力资源。随着国民经济发展和人民生活水平的不断提高,对园林绿化植物资源的要求趋向优质、高效和多样化。随着园林产品市场需求的日趋多样,迫切需要对安阳市野生园林绿化植物资源进行不同功能的定向培育和遗传改良。因此,需要保存、评价、利用和储备多样化的可供选择利用的林木种质资源。林木种质资源已经成为我国生态安全和园林业可持续发展的基础性、关键性战略资源之一。

　　提高园林绿化植物资源的多需求性,必须依靠林木良种,野生林木良种选育更是对原有种植资源的再丰富、再扩展。开展林木资源普查、收集、保护、利用是林业可持续发展的必然要求。当前,林木种质资源保护显得更为迫切,对生态环境建设及国民经济可持续发展更为重要。开展保护工作同步挖掘和发现野生绿化植物资源,抢救保护了珍贵、稀有、濒危和特有树种种质资源,也是为全面实施国家林木种质资源保护与利用,奠定坚实的基础。

　　本书主要内容包括安阳市自然和社会概况、地质地貌情况、水文介绍、气象概况、土壤概况、安阳市植被和植物资源中的植被类型和维管束植物资源、安阳市野生园林绿化蕨类植物资源中的概述和主要野生园林绿化蕨类植物简介、安阳市野生园林绿化裸子植物资源中的概述和主要野生园林绿化裸子植物简介、安阳市野生园林绿化被子植物资源中的概述及安阳市主要野生园林绿化双子叶植物资源和安阳市主要野生园林绿化单子叶植物资源等,在编撰过程中,编写人员付出了辛勤的努力,凝结了全体林业战线同志们的心血,《安阳市野生园林绿化植物资源》的出版,增添了林业生态建设绚丽多彩的新篇章。

编　者
2021 年 9 月

目 录

第一章 安阳市自然和社会概况

第一节 自然环境概况

一、地质地貌概况

(一)地理位置

安阳市位于河南省西北部,地理坐标为北纬 35°41′~36°21′,东经113°38′~114°59′。东与濮阳市接壤,南与鹤壁市、新乡市相连,西隔太行山与山西省长治市相望,北濒漳河,与河北省邯郸市毗邻。京广铁路、京广高铁、京珠高速公路和 107 国道贯穿南北,南距省会郑州 187 km,交通便利,素有豫北要冲、四省通衢之称。辖区东西 122 km,南北128 km,总面积 7 413 km²,约占河南省总面积的 4.47%,市区面积543.6 km²。

(二)地质地貌特征

安阳市全境地势西高东低,呈阶梯状展布。西部为太行山,中东部为平原。最高点在林州市四方垴,海拔 1 632 m;最低点在内黄县,海拔仅 50 m。安阳太行山地区处于华北地台山西断垄太行山腹背斜的东南边缘,区内广泛发育着燕山运动以来所形成的各种构造形迹,主要为高角度正断层。主要表现为断裂构造。安阳太行山地区地处太行山脉与豫北平原的过渡地带,地貌由平原与山区两大基本结构单元构成,总的地势西高东低,从西部山区到东部平原呈阶梯式变化,层次分明,高差 1 532 m。地形变化较大,地貌类型多样,主要分为山地、丘陵、岗地、平原、洼地和滩地等六种类型,构成复杂的地表形态。由龙安区西部的善应镇—水冶镇—铜冶镇—观台镇(河北省磁县辖)一线以西,包括林州市全境,均属于剥蚀构造作用为主的地貌形态。由龙安区西部善应镇—水冶镇—铜冶镇—河北省磁县观台镇一线以东至京广铁路,属于丘陵地貌区。安阳市京广铁路以东地区均属于低平原范围,海拔标高一般为70 m,向东逐渐降为50 m。地势开阔平整,起伏很小,就其表面形态,也可称为山前平原,其范围约占全市面积的60%。

二、水文概况

安阳市位于太行山东麓,主体山系呈东西走向,整个地势西高东低,境内主要河流有漳河、淇河、淅河、洹河、汤河等,均属海河水系。安阳市历年平均降水量为581.1～693.1 mm,最多年降水量1 247.9 mm,最少仅243 mm。其中,春季占13%～14%,夏季占60%～65%,秋季占19%～22%,冬季仅占3%～4%。年平均相对湿度为65%～68%,夏季较大,秋冬次之,春季较小。全市年蒸发总量历年平均1 927.3～1 997 mm,其中,夏季最多,秋季次之,冬季最小。

三、气象概况

安阳地处北暖温带,属大陆性季风气候,四季分明,气温适宜,但酷寒暑热,旱涝交替。历年平均气温12.7～13.7℃。安阳市全年可照时数为4 431.8～4 432.3 h,平均实照时数为2 368.0～2 526.1 h,占可照时数的53%～57%。全年平均日照百分率为55%。全市最早初霜日为9月30日,最晚为11月21日,平均初霜日为10月23日。最早终霜日为2月17日,最晚终霜日为4月26日,平均终霜日为4月4日。全市平均无霜期为201天,最长达249天,最短为175天。四季风向多受高空气流控制。春、夏、秋季以偏南风居多,冬季以偏北风为主。全市年平均风速为1.7～3.5 m/s。

四、土壤概况

(一)土壤类型

土壤的形成和发育,是长期的岩石风化和生物富集化过程的结果。土壤作为生物生长的基本载体,土壤类型决定着植被分布类型。安阳市的土壤类型,根据土壤母质、形成因素、成土过程等方面,划分为褐土、棕壤、粗骨土、石质土、潮土、水稻土等6个土类,8个亚类,8个土属。具体划分情况见表1-1。

表1-1 安阳市土壤类型划分

土类	亚类	土属	土种	说明
褐土	淋溶褐土	钙质淋溶褐土	中层钙质淋溶褐土	市区、林州、汤阴
	石灰性褐土	洪积石灰性褐土	壤质洪积石灰性褐土	
			黏质洪积石灰性褐土	
	褐土性褐土	钙质褐土性褐土	少砾质中层钙质褐土性褐土	
棕壤	棕壤	钙质棕壤	薄有机质中层钙质棕壤	林州海拔1 000 m以上
粗骨土	钙质粗骨土	钙质粗骨土	多砾质薄层钙质粗骨土	林州、殷都、龙安
石质土	钙质石质土	钙质石质土	裸岩山地钙质石质土	林州、殷都、龙安
潮土	潮土	潮土	潮土	市区、内黄、林州、汤阴、滑县
水稻土	水稻土	水稻土	水稻土	林州

(二)土壤分布

安阳市野生植被区土壤主要分为褐土、棕壤、粗骨土、石质土等类型。石质土主要分布于海拔500 m左右的浅山丘陵区。区内基岩裸露面积可达45%以上,土层厚度不足10 cm,多为野皂荚、卵叶鼠李、荆条等灌丛覆盖,土壤表现为表层土壤直接与母岩相连;粗骨土主要分布于海拔500~800 m的低山区域,土层厚度在10~30 cm;褐土主要分布于海拔700~1 000 m范围的山区,土层厚度超过30 cm;棕壤主要分布于林虑山海拔1 000 m以上的中高山地区,主要在地方林州石板岩大垴、滑翔基地、四方垴等山顶,海拔一般在1 000 m以上,最高可达1 600 m。该区域内降水偏多,植被较好,有乔木片林。

总体上看,安阳市土壤的垂直分布较为明显,海拔从低到高土壤表现为,潮土→石质土→粗骨土→褐土(褐土性褐土→淋溶褐土)→棕壤。

(三)土壤特征

1. 棕壤

棕壤也称棕色森林土。棕壤地区气候特点是暖温带季风气候,夏季暖热多雨,冬季寒冷干旱。棕壤是在暖温带季风气候下,以暖温带落叶阔叶林和针阔混交林下形成的中、低山土壤。林州海拔 1 000 m 以上山地为棕壤,主要特征如下。

(1)土壤剖面以棕色或褐色为主。

(2)通体无石灰反应,呈微酸性或中性反应,pH 值为 6.4 ~ 7.0。

(3)土壤质地偏重,土壤结构多为团粒或块状结构。

(4)植被主要有油松、侧柏、坚桦、栓皮栎、鹅耳枥、白桦等。

2. 褐土

褐土主要是暖温带半湿润地区发育于排水良好的地形部位的半淋溶性土壤。主要分布于海拔 800 ~ 1 000 m、坡度 16°以上的陡峭山地,其成土母质多为石灰岩类风化物,主要包括淋溶褐土、石灰性褐土、褐土性褐土。安阳市褐土主要分布在林州市、汤阴县、龙安区、殷都区等,其主要特征如下:

(1)钙质淋溶褐土。土壤厚度在 25 ~ 60 cm,土体呈褐色至褐棕色;通体无石灰反应,土壤中性偏碱,pH 值 7.3 ~ 7.8;剖面中黏化层深厚,块状结构发育良好。安阳市主要分布在海拔 800 ~ 1 000 m 的石灰岩山地,主要植被有侧柏、山桃、栓皮栎、黄连木、栾树、臭椿等。

(2)洪积石灰性褐土。土层比较厚,多为 50 ~ 100 cm;黏化层发育好,以棱柱状结构为主;石灰反应通体强烈。安阳市主要分布在沟谷和梯田部位。

(3)钙质褐土性褐土。土层厚度在 25 ~ 60 cm,母质为石灰岩,由石灰岩分化物的残、坡积母质形成。砾石含量较多,常混有大小不等的石块;黏化特征不明显。安阳市主要分布在地势较缓的北坡地带,主要植被有黄连木、臭椿、栾树、荆条等。

3. 粗骨土

粗骨土是介于丘陵和低山结合部位的经长期侵蚀作用形成的幼成土,土层较薄,混含石砾。土层较薄,一般厚度小于 30 cm,土体中含较多的石块;土体没有发育特征明显的心土层,没有钙质淋溶淀积现象。安阳市主要分布在海拔 500～800 m 地带,林州市、殷都区、龙安区、汤阴县等均有分布,该区域植被破坏严重,植被主要有侧柏、黄连木、臭椿、山桃、山杏、油松等。

4. 石质土

石质土是太行山石质山区遭受侵蚀作用而无法发育成深厚土层的幼成土。土层较薄,厚度一般不超过 15 cm,土体无心土层,表层下即为石灰岩母岩。安阳市主要分布在海拔 500～700 m 地带,该区域水土流失严重,土壤贫瘠。主要植被有荆条、卵叶鼠李、侧柏、臭椿等。

第二节　社会经济概况

一、行政区划

安阳市下辖林州市、安阳县、滑县、内黄县、汤阴县、文峰区、北关区、殷都区和龙安区,共计 1 市 4 县 4 区,包括 43 个街道办事处、57 个镇和 35 个乡、218 个社区居委会、3 285 个行政村。同时,还有 1 个城乡一体化示范区(安阳新区)、1 个国家级高新技术产业开发区(安阳高新技术产业开发区)和 1 个国家经济技术开发区(红旗渠国家级经济技术开发区)。全市总面积 7 413 km²,其中市区面积 655.8 km²。

二、社会经济发展

2017 年安阳市生产总值 2 268.1 亿元,比上年增长 7.2%。其中,第一产业增加值 202.5 亿元,第二产业增加值 1 101.3 亿元,第三产业增加值 964.4 亿元,三次产业结构为 8.9∶48.6∶42.5。人均生产总值44 201元。公共财政预算收入 129.55 亿元,税收收入 92.93 亿元。

2017 年,全市粮食种植面积 854.76 万亩,其中,夏粮种植面积

480.59 万亩,秋粮种植面积 374.17 万亩,粮食总产量达到 36.02 亿 kg。油料总产量 28.01 万 t,肉类总产量 29 万 t。

2017 年末全市总人口 589.35 万人,常住人口 512.85 万人,城镇化率 50.2%,全市居民人均可支配收入 21 096 元,农村居民人均可支配收入 13 697 元。

2017 年末全市各级各类学校 3 447 所,基础教育在校生 1 212 720 人。基础教育教职工 75 813 人。小学适龄儿童入学率 100%。

三、交通物流旅游

安阳是区域性综合交通枢纽城市,全市公路通车总里程达到 12 955 km,公路密度每百平方千米达到 175 km。目前,"铁、公、机"立体综合交通体系正在日益完善,初步形成了由京广高铁、京广铁路和晋豫鲁铁路组成的"二纵一横"铁路枢纽;形成了由京港澳、南林、鹤辉高速公路与正在建设的沿太行山、西北绕城高速公路构成的"二纵二横一环"高速公路网。安阳机场开工建设。安阳是中原经济区 5 个区域物流枢纽之一,着力推进安阳国际物流港、汤阴万庄、汤阴安运现代、林州大通等物流园区建设,2017 年公路货运周转量 290.7 亿 t·km。2017 年,接待国内外游客 4 743.04 万人次,旅游总收入 436.43 亿元。

第二章 安阳市植被和植物资源

通过设样地和设样线调查,查阅有关林业相关文献资料,结合安阳市太行山区的具体情况,参照《中国植被》1980 年的分类系统,将安阳市山区植物群落分为 6 个植被型组、11 个植被型。

第一节 植被类型概况

一、主要针叶林类型

安阳山区分布的常绿针叶树种有油松、侧柏、圆柏、白皮松、红豆杉共 5 种,均为温性针叶树种。由于本区的地形地貌和历史上的植被破坏,目前只有油松、侧柏 2 种植物能在局部地段形成小面积的天然群落,大多的针叶林为人工针叶林群落。

(一)侧柏林分

侧柏林广泛分布于安阳山区海拔 1 300 m 以下的地方。各地都有分布,能耐干旱瘠薄,多为人工造林。林分多生长在向阳山坡地带,群落所在地土壤贫瘠,气候干旱,土壤为褐土和棕壤。侧柏林是安阳太行山重要的水土保持和生态保护林,分布广。伴生的乔木植物有黄连木(*Pistacia chinensis*)、鹅耳枥(*Carpinus turczaninowii*)、栓皮栎(*Quercus variabilis*)、槲树(*Quercus dentata*)、槲栎(*Quercus aliena*)等。灌木层常见的有山桃(*Amygdalus davidiana*)、黄栌(*Cotinus coggygria*)、连翘(*Forsythia suspensa*)、三裂绣线菊(*Spiraea trilobata*)、六道木(*Zabelia biflora*)、陕西荚蒾(*Viburnum schensianum*)、多花胡枝子(*Lespedeza floribunda*)、卵叶鼠李(*Rhamnus bungeana*)等。草木植物主要有白羊草(*Bothriochloa ischaemum*)、野青茅(*Deyeuxia arundinacea*)、大披针薹草(*Carex lanceolata*)、荠苨(*Adenophora trachelioides*)、墓头回(*Patrinia* heterophylla）、京芒草（*Achnatherum pekinense*）、山罗花（*Melampyrum roseum*）、黄芩（*Scutellaria baicalensis*）、糙叶败酱（*Patrinia scabra*）、前胡（*Peucedanum praeruptorum*）等。层间植物有桑叶葡萄（*Vitis heyneana* subsp. *ficifolia*）、变叶葡萄（*Vitis piasezkii*）、粗齿铁线莲（*Clematis grandidentat*）、太行铁线莲（*Clematis kirilowii*）、华中五味子（*Schisandra sphenanthera*）、粉背南蛇藤（*Celastrus hypoleucus*）等。

（二）油松林分

油松林是安阳太行山区的主要针叶林之一,林州市任村、石板岩、姚村、黄华、合涧、原康、临淇、五龙等山地分布较多。主要生于太行山海拔 600～1 500 m 的阴坡或半阴坡。主要为人工飞播林,高海拔地区也有少量自然分布的油松片林。林相整齐,生长发育良好,年龄多为 20～35 年。天然油松林中常伴生有槲栎（*Quercus aliena*）、鹅耳枥（*Carpinus turczaninowii*）、少脉椴（*Tilia paucicostata*）、山杨（*Populus davidiana*）、槲树（*Quercus dentata*）、山槐（*Albizia kalkora*）、元宝槭（*Acer truncatum*）、漆树（*Toxicodendron vernicifluum*）等。灌木层主要有杭子梢（*Campylotropis macrocarpa*）、胡枝子（*Lespedeza bicolor*）、西北栒子（*Cotoneaster zabelii*）、蒙古荚蒾（*Viburnum mongolicum*）、山桃（*Amygdalus davidiana*）、照山白（*Rhododendron micranthum*）、连翘（*Forsythia suspensa*）、大花溲疏（*Deutzia grandiflora*）、锐齿鼠李（*Rhamnus arguta*）、三裂绣线菊（*Spiraea trilobata*）、卫矛（*Euonymus alatus*）等。草木层主要有大油芒（*Spodiopogon sibiricus*）、大披针薹草（*Carex lanceolata*）、糙苏（*Phlomis umbrosa*）、禾叶山麦冬（*Liriope graminifolia*）、山罗花（*Melampyrum roseum*）、苍术（*Atractylodes lancea*）、龙芽草（*Agrimonia pilosa* Ldb.）、唐松草（*Thalictrum aquilegifolium* var. *sibiricum* Regel et Tiling）、大火草（*Anemone tomentosa*）、裂叶堇菜（*Viola dissecta*）、玉竹（*Polygonatum odoratum*）等。

二、主要落叶阔叶林类型

安阳市山地阔叶林比较丰富,主要分布在山势较缓地段。海拔 1 100 m 以下主要由栓皮栎林组成,常伴生有槲树、房山栎、麻栎、槲栎等落叶树种；在向阳山坡上还分布有鹅耳枥林等。在山顶、山脊多分布坚桦林。同时还有分布有黄连木林、毛梾林、大果榉林、元宝枫林、白桦林、野核桃林、青麸杨林、漆树林、玉铃花林、领春木林、省沽油林等。安阳市（主要指山区）落叶阔叶林类型有栓皮栎林、鹅耳枥林、臭椿、栾树、槲栎林、锐齿槲栎林、山杨林、坚桦林、青檀林、黑弹树林、漆树林、胡核林、胡桃林、大果榉林、黄连木林、刺槐林、白桦林、君迁子林、省沽油林等。主要林分如下。

（一）栓皮栎林

栓皮栎林是安阳 1 100 m 以下山地主要林分之一。广泛分布于安阳林州太行山各地向阳山坡、浅山区。林州姚村、黄华西山林区的栓皮栎林发育较好，林相整齐。浅山区多为中幼林和萌生状态的栎林，群落结构相对简单。乔木层伴生的树种有山杏（*Armeniaca sibirica*）、山槐（*Albizia kalkora*）、山杨（*Populus davidiana*）、槲栎（*Quercus aliena*）、鹅耳枥（*Carpinus turczaninowii*）、油松（*Pinus tabuliformis*）、杜梨（*Pyrus betulifolia*）、野核桃（*Juglans cathayensis*）、漆树（*Toxicodendron vernicifluum*）等。灌木层有山桃（*Amygdalus davidiana*）、连翘（*Forsythia suspensa*）、锐齿鼠李（*Rhamnus arguta*）、薄皮木（*Leptodermis oblonga* Bunge）、灰栒子（*Cotoneaster acutifolius* Turcz.）、桦叶荚蒾（*Viburnum betulifolium* Batal.）、蚂蚱腿子（*Myripnois dioica* Bunge）、苦糖果（*Lonicera fragrantissima* Lindl. et Paxt. subsp. *standishii*）、中华绣线菊（*Spiraea chinensis*）、栓翅卫矛（*Euonymus phellomanus*）、盐肤木（*Rhus chinensis*）、大花溲疏（*Deutzia grandiflora*）、小花溲疏（*Deutzia parviflora*）、照山白（*Rhododendron micranthum*）、河北木蓝（*Indigofera bungeana*）、牛叠肚（*Rubus crataegifolius*）等。草本层主要有大披针薹草（*Carex lanceolata*）、臭草（*Melica scabrosa*）、蓝雪花（*Ceratostigma plumbaginoides*）、日本安蕨（*Anisocampium niponicum*）、委陵菜（*Potentilla chinensis* Ser.）、白头翁（*Pulsatilla chinensis*）、大火草（*Anemone tomentosa*）、墓头回（*Patrinia heterophylla*）、狭叶珍珠菜（*Lysimachia pentapetala*）、石沙参（*Adenophora polyantha*）、荠苨（*Adenophora trachelioides*）、裂叶堇菜（*Viola dissecta*）等。层间植物有乌头叶蛇葡萄

（*Ampelopsis aconitifolia*）、五味子（*Schisandra chinensis*）、山葡萄（*Vitis amurensis*）、太行铁线莲（*Clematis kirilowii*）、穿龙薯蓣（*Dioscorea nipponica*）、三叶木通（*Akebia trifoliata*）、华东菝葜（*Smilax sieboldii*）等。

（二）鹅耳枥林

鹅耳枥林是安阳山区森林植被的优势类型,广泛分布于海拔1 300 m以下的山坡。林相整齐。乔木层伴生的植物有漆树（*Toxicodendron vernicifluum*）、油松（*Pinus tabuliformis*）、少脉椴（*Tilia paucicostata*）、元宝槭（*Acer truncatum*）、千金榆（*Carpinus cordata*）、山杨（*Populus davidiana*）、北京花楸（*Sorbus discolor*）等。灌木层常见的有山楂叶悬钩子（*Rubus crataegifolius*）、锐齿鼠李（*Rhamnus arguta*）、西北栒子（*Cotoneaster zabelii*）、小叶梣（*Fraxinus bungeana*）、桦叶荚蒾（*Viburnum betulifolium*）、山楂（*Crataegus pinnatifida*）、三裂绣线菊（*Spiraea trilobata*）、黄刺玫（*Rosa xanthina* Lindl.）、灰栒子（*Cotoneaster acutifolius*）等,草木层常见的有宽叶薹草（*Carex siderosticta*）、淫羊藿（*Epimedium brevicornu*）、糙苏（*Phlomis umbrosa*）、日本安蕨（*Anisocampium niponicum*）、三脉紫菀（*Aster ageratoides*）、兔儿伞（*Syneilesis aconitifolia*）、沙参（*Adenophora stricta*）、蟹甲草（*Parasenecio forrestii*）、唐松草（*Thalictrum aquilegifolium* var. *sibiricum*）、臭草（*Melica scabrosa*）、山西马先蒿（*Pedicularis shansiensis*）、狭叶珍珠菜（*Lysimachia pentapetala*）、虎尾草（*Lysimachia barystachys*）、藜芦（*Veratrum nigrum*）、香青（*Anaphalis sinica*）、北乌头（*Aconitum kusnezoffii*）、风毛菊（*Saussurea japonica*）等。层间植物有软枣猕猴桃（*Actinidia arguta*）、粉背南蛇藤（*Celastrus hypoleucus* Warb. ex Loes.）、薯蓣（*Dioscorea polystachya*）、华中五味子（*Schisandra sphenanthera*）、山葡萄（*Vitis amurensis* Rupr.）等。

（三）槲栎林

槲栎林分布于安阳市海拔1 000 m以上的阴坡与半阴坡,是较高山地的主要林分之一。槲栎林林下枯枝落叶较厚,土壤为褐土或棕壤。乔木层伴生的植物常见的有房山栎、锐齿槲栎（*Quercus aliena* var. *acuteserrata*）、鹅耳枥（*Carpinus turczaninowii*）、元宝槭（*Acer truncatum* Bunge）、少脉椴（*Tilia paucicostata* Maxim.）、葛萝槭（*Acer grosseri* Pax）、漆树(*Toxicodendron vernicifluum*),下木层主要有少脉雀梅藤(*Sageretia paucicostata*)、锐齿鼠李(*Rhamnus arguta* Maxim.)、蒙古荚蒾(*Viburnum mongolicum*)、三裂绣线菊(*Spiraea trilobata*)、六道木(*Abelia biflora*)、照山白(*Rhododendron micranthum*)、西北栒子(*Cotoneaster zabelii*),小花溲疏(*Deutzia parviflora*)等。草本层有大披针薹草(*Carex lanceolata*)、蟹甲草(*Parasenecio forrestii*)、糙苏(*Phlomis umbrosa*)、山罗花(*Melampyrum roseum*)。层间植物有变叶葡萄(*Vitis piasezkii*)、粗齿铁线莲(*Clematis grandidentata*)、五味子(*Schisandra chinensis*)、南蛇藤(*Celastrus orbiculatus*)等。

(四)坚桦林

坚桦林是安阳太行山高山林分之一,分布于林州太行山海拔1 000 m以上的山坡,山脊。群落所在地海拔较高,气温较低,湿度较大,地形起伏不平,土壤为棕色森林土。乔木层伴生树种常见的有蒙古栎(*Quercus mongolica* Fischer ex Ledebour)、锐齿槲栎(*Quercus aliena* Bl. var. *acuteserrata*)、鹅耳枥(*Carpinus turczaninowii*)、元宝槭(*Acer truncatum*)、少脉椴(*Tilia paucicostata*)等。灌木层常见的有毛榛(*Corylus mandshurica*)、红瑞木(*Swida alba*)、桦叶荚蒾(*Viburnum betulifolium*)、陕甘花楸(*Sorbus koehneana*)、榛(*Corylus heterophylla*)等。草本植物主要的种类有鳞叶龙胆(*Gentiana squarrosa*)、蒙古风毛菊(*Saussurea mongolica*)、野青茅(*Deyeuxia arundinacea*)、宽叶薹草(*Carex siderosticta*)、荠苨(*Adenophora trachelioides*)、墓头回(*Patrinia heterophylla*)、山罗花(*Melampyrum roseum*)、黄精(*Polygonatum sibiricum*)、华北蓝盆花(*Scabiosa tschiliensis*)、山西马先蒿(*Pedicularis shansiensis*)、香青(*Anaphalis sinica*)等。

(五)大果榉林

大果榉林是安阳太行山沟谷地段上常见的植被类型之一,广泛分布于海拔500~1 000 m的山谷、山坡。乔木层伴生的植物有元宝槭(*Acer truncatum* Bunge)、红皮椴(*Tilia paucicostata* Maxim. var. *dictyoneura*)、漆树(*Toxicodendron vernicifluum*)、鹅耳枥(*Carpinus turczaninowii*)等。灌木层盖常见的有山桃(*Amygdalus davidiana*)、西北

枸子（*Cotoneaster zabelii*）、连翘（*Forsythia suspensa*）、美丽胡枝子（*Lespedeza formosa*）、陕西荚蒾（*Viburnum mongolicum*）、细叶小檗（*Berberis poiretii*）、盐肤木（*Rhus chinensis*）、六道木（*Abelia biflora*）、接骨木（*Sambucus williamsii*）等。草本层常见的有宽叶薹草（*Carex siderosticta*）、糙苏（*Phlomis umbrosa*）、蕨（*Pteridium aquilinum* var. *latiusculum*）、东风菜（*Doellingeria scaber*）、兔儿伞（*Syneilesis aconitifolia*）、多岐沙参（*Adenophora wawreana*）、蟹甲草（*Parasenecio forrestii*）、唐松草（*Thalictrum aquilegifolium.* var. *sibiricum*）、臭草（*Thalictrum aquilegifolium*）、山西马先蒿（*Pedicularis shansiensis*）、狭叶珍珠菜（*Lysimachia pentapetala*）、虎尾草（*Lysimachia barystachys*）、藜芦（*Veratrum nigrum*）、香青（*Anaphalis sinica*）、北乌头（*Aconitum kusnezoffii*）、风毛菊（*Saussurea japonica*）等。层间植物有山葡萄（*Vitis amurensis* Rupr.）、华中五味子（*Schisandra sphenanthera*）、粉背南蛇藤（*Celastrus hypoleucus*）钝叶铁线莲（*Clematis peterae*）等。

（六）青檀林

青檀林为安阳山区常见林分之一，面积较小，在沟谷、山坡呈星散分布。乔木层伴生的树种由苦木（*Picrasma quassioides*）、大叶朴（*Celtis koraiensis* Nakai）、连翘（*Forsythia suspensa*）、漆树（*Toxicodendron vernicifluum*）、山桃（*Amygdalus davidiana*）、大果榉（*Zelkova sinica* Schneid.）、鹅耳枥（*Carpinus turczaninowii* Hance）、小叶梣（*Fraxinus bungeana* DC.）等植物组成。灌木层主要有灰枸子（*Cotoneaster acutifolius* Turcz.）、蒙古荚蒾（*Viburnum mongolicum*（Pall.）Rehd.）、金银忍冬（*Lonicera maackii*（Rupr.）Maxim.）、八角枫（*Alangium chinense*（Lour.）Harms）、卫矛（*Euonymus alatus*（Thunb.）Sieb.）等。草本植物分布不均，主要由墓头回（*Patrinia heterophylla* Bunge）、大披针薹草（*Carex lanceolata* Boott）北京铁角蕨（*Asplenium pekinense* Hance）、铁线蕨（*Adiantum capillus-veneris* L.）、臭草（*Thalictrum aquilegifolium* Linn. var. *sibiricum*）、狭叶珍珠菜（*Lysimachia pentapetala* Bunge）、虎尾草（*Lysimachia barystachys* Bunge）等组成。

（七）山杨林

山杨林为安阳太行山常见林分,常成小零星片状分布于海拔 800 m 以上的向阳山坡或沟谷旁开阔地。乔木层伴生的有毛梾（*Cornus walteri*）、白桦（*Betula platyphylla* Suk.）、锐齿槲栎（*Quercus aliena* Bl. var. *acuteserrata*）、槲栎（*Quercus aliena*）、漆树（*Toxicodendron vernicifluum*）、鹅耳枥（*Carpinus turczaninowii*）、少脉椴（*Tilia paucicostata*）等。灌木层常见的有大花溲疏（*Deutzia grandiflora*）、太平花（*Philadelphus pekinensis*）、西北栒子（*Cotoneaster zabelii*）、陕西荚蒾（*Viburnum schensianum*）、黄刺玫（*Rosa xanthina*）、连翘（*Forsythia suspensa*）、胡枝子（*Lespedeza bicolor*）等。草本层常有日本安蕨（*Anisocampium niponicu*）、虎尾草（*Lysimachia barystachys* Bunge）、糙苏（*Phlomis umbrosa*）、北水苦荬（*Veronica anagallis-aquatica* L.）、风毛菊（*Saussurea japonica*）、柔毛淫羊藿（*Epimedium pubescens* Maxim.）、狭苞橐吾（*Ligularia intermedia*）、宽叶薹草（*Carex siderosticta* Hance）、落新妇（*Astilbe chinensis*（Maxim.）Franch. et Savat.）等。层间植物有南蛇藤（*Celastrus orbiculatus* Thunb.）、五味子（*Schisandra chinensis*）、变叶葡萄（*Vitis piasezkii* Maxim.）等。

三、针阔混交林

安阳太行山区针阔叶混交林主要有四个群系,在浅山区主要是侧柏黄连木混交林,或侧柏刺槐混交林,在海拔 700 ~ 1 300 m 处,主要由油松与槲栎形成混交林,或由油松与栓皮栎组成混交林。主要林型有：

（1）油松、栓皮栎林。

（2）侧柏、栓皮栎林。

（3）侧柏、黄连木林。

（4）侧柏、刺槐混交林。

四、竹林

竹林是亚热带最常见的典型植被,安阳市为人工栽培林分。安阳市位于暖温带南缘,是竹类植物分布的北界,其中汤阴国家湿地公园栽培历史悠久,主要竹林有刚竹(*Phyllostachys sulphurea* var. *viridis*)、淡竹(*Phyllostachys glauca*)、斑竹(*Phyllostachys bambusoides* f. *lacrima-deae*)等。主要竹林有:

(1)刚竹林。

(2)淡竹林。

(3)斑竹林。

五、灌丛和灌草丛

安阳市分布的灌丛和灌草丛是在森林植被遭受破坏以后再生所发展起来的次生植被类型,有多年草本类与落叶灌木组成,本区分布有灌木530余种。安阳市灌丛类型丰富,从高海拔至低海拔山地均有分布,800 m以下的低山丘陵地区为石灰岩质干旱地区,土壤贫瘠,广泛分布有山皂荚灌丛(*Gleditsia japonica*)、荆条灌丛(*Vitex negundo* var. *heterophylla*)、酸枣灌丛(*Ziziphus jujuba* var. *spinosa*)、黄栌灌丛(*Cotinus coggygria*)、柔毛绣线菊灌丛(*Spiraea pubescens*)、卵叶鼠李灌丛(*Rhamnus bungeana*)、大花溲疏灌丛(*Deutzia grandiflora*)、黄刺玫灌丛(*Rosa xanthina*)、牛叠肚灌丛(*Rubus crataegifolius*)、杠柳灌丛(*Periploca sepium*)、野山楂灌丛(*Crataegus cuneata*)等,海拔800 m以上主要分布有山桃灌丛(*Amygdalus davidiana*)、照山白灌丛(*Rhododendron micranthum*)、少脉雀梅藤灌丛(*Sageretia paucicostata*)、六道木灌丛(*Abelia biflora*)、榛灌丛(*Corylus heterophylla*)、连翘灌丛(*Forsythia suspensa*)、小花溲疏灌丛(*Deutzia parviflora*)、太平花灌丛(*Philadelphus pekinensis*)、蚂蚱腿子灌丛(*Myripnois dioica*)等。

安阳市分布的灌丛和灌草丛主要有44种:黄栌灌丛、野皂荚灌丛、荆条灌丛、连翘灌丛、酸枣灌丛、三裂绣线菊灌丛、榛灌丛、薄皮木灌丛、少脉雀梅藤灌丛、蚂蚱腿子灌丛、卫矛灌丛、小叶白蜡灌丛、锐齿鼠李灌丛、苦糖果灌丛、陕西荚蒾灌丛、河北木兰灌丛、白刺花灌丛、太平花灌丛、灰栒子灌丛、黄刺玫灌丛、欧李灌丛、牛叠肚灌丛、大叶铁线莲灌、雀儿舌头灌丛、勾儿茶灌丛、照山白灌丛、杭子梢灌丛、多花胡枝子灌丛、美丽胡枝子灌丛、六道木灌丛、野山楂灌丛、卵叶鼠李李灌丛、小花溲疏灌丛、大花溲疏灌丛、西北栒子灌丛、桦叶荚蒾灌丛、苦皮藤灌丛、杠柳灌丛、络石灌丛、南蛇藤灌丛、背五味子灌丛、荆条、白羊草灌丛、酸枣、黄背草灌丛、短梗胡枝子、京芒草草灌丛。主要灌丛和灌草丛如下。

（一）黄栌灌木林（*Cotinus coggygria*）

黄栌（*Cotinus coggygria*）灌丛是安阳太行山地区分常见的灌丛之一，以海拔 700～1 000 m 的阳坡、半阳坡坡发育最好。群落四季变化明显，春季和夏季满目绿海，秋冬季红叶满山，常伴生的有卵叶鼠李（*Rhamnus bungeana*）、黄刺玫（*Rosa xanthina*）、连翘（*Forsythia suspensa*）、小叶鼠李（*Rhamnus parvifolia*）、黄荆（*Vitex negundo*）、西北栒子（*Cotoneaster zabelii*）、酸枣（*Ziziphus jujuba* var. *spinosa*）、山皂荚（*Gleditsia japonica*）、槲树（*Quercus dentata*）和栓皮栎（*Quercus variabilis*）等。草本层主要有凤毛菊（*Saussurea japonica*）、麻花头（*Serratula centauroides*）、委陵菜（*Potentilla chinensis*）、鸦葱（*Scorzonera austriaca*）、委陵菜（*Potentilla chinensis*）、白头翁（*Pulsatilla chinensis*）、白羊草（*Bothriochloa ischaemum*）、地榆（*Sanguisorba officinalis*）、大火草（*Anemone tomentosa*）、蒙古蒿（*Artemisia mongolica*）、多歧沙参（*Adenophora wawreana*）、兔儿伞（*Syneilesis aconitifolia*）、黄背草（*Themeda japonica*）、马兰（*Kalimeris indica*）等。该林分在本区相对稳定。

（二）荆条灌木林（*Vitex negundo*）

荆条（*Vitex negundo* L. var. *heterophylla*）是安阳低山丘陵地区最为常见的一种群落类型。本地区一般为石质、贫瘠、干旱浅山区。伴生的植物常为一些旱生性植物，如黄栌（*Cotinus coggygria*）、酸枣（*Ziziphus jujuba* var. *spinosa*）、圆叶鼠李（*Rhamnus globosa*）、野山楂（*Crataegus cuneata*）、胡枝子（*Lespedeza bicolor*）、兴安胡枝子（*Lespedeza daurica*）、臭椿（*Ailanthus altissima*）、黄连木（*Pistacia chinensis*）、槲树（*Quercus dentata*）、栓皮栎（*Quercus variabilis*）。草本植物常见有漏芦（*Stemmacantha uniflora*）、白羊草（*Bothriochloa ischaemum*）、凤毛菊（*Saussurea japonica*）、荩草（*Arthraxon hispidus*）、黄背草（*Themeda japonica*）、野菊（*Dendranthema indicum*）、委陵菜（*Potentilla chinensis*）、

蛇莓（*Duchesnea indica*）、紫花地丁（*Viola philippica*）、麻花头（*Serratula centauroides*）、鸦葱（*Scorzonera austriaca*）、白头翁（*Pulsatilla chinensis*）、远志（*Pulsatilla chinensis*）、绵枣儿（*Barnardia japonica*）、糙叶败酱（*Patrinia scabra*）等。

（三）野皂荚灌木林（*Gleditsia microphylla* Gordon ex Y. T. Lee）

野皂荚（*Gleditsia microphylla*）是安阳市分布最广、面积最大的灌丛之一。本灌丛分布于太行山海拔 800 m 以下的阳坡和半阳坡，是干旱石质浅山丘陵地区最常见的植被类型之一。野皂荚适应性强、耐土壤瘠薄和气候干旱。伴生的植物有山槐（*Albizia kalkora*）、毛黄栌（*Cotinus coggygria* var. *pubescens*）、三裂绣线菊（*Spiraea trilobata*）、灰栒子（*Cotoneaster acutifolius*）、薄皮木（*Leptodermis oblonga*）、卵叶鼠李（*Myripnois dioica*）、黑果栒子（*Cotoneaster melanocarpus*）、大果榆（*Ulmus macrocarpa*）。草本层较为发育，主要由大油芒（*Spodiopogon sibiricus*）、野古草（*Arundinella anomala*）、京芒草（*Achnatherum pekinense*）、臭草（*Melica scabrosa*）、长芒草（*Stipa bungeana*）、禾叶山麦冬（*Liriope graminifolia*）、纤毛鹅观草（*Roegneria ciliaris*）、野青茅（*Deyeuxia arundinacea*）、蓝雪花（*Ceratostigma plumbaginoides*）、地榆（*Sanguisorba officinalis*）、山牛蒡（*Synurus deltoides*）、苍术（*Atractylodes* Lancea）、艾麻（*Laportea cuspidata*）、北柴胡（*Bupleurum chinense*）、糙叶败酱（*Patrinia scabra*）、北方獐牙菜（*Swertia diluta*）、香青（*Anaphalis sinica*）等植物构成。

（四）连翘灌木林（*Forsythia suspensa*）

连翘（*Forsythia suspensa*）林分分布于海拔 600 ~ 1 500 m 的山坡、沟谷旁，是安阳市最常见的灌丛之一，在安阳太行山各地均有分布，连翘灌丛呈丛生状态，有时呈藤本状，呈带状或片状分布，生长茂盛，是林州太行山早春观花主要植物之一。连翘灌木林伴生的植物主要有山桃（*Amygdalus davidiana*）、多花胡枝子（*Lespedeza floribunda*）、牛叠肚（*Rubus crataegifolius*）、黄刺玫（*Rosa xanthina*）、少脉雀梅藤（*Sageretia paucicostata*）、薄皮木（*Leptodermis oblonga*）、黄栌（*Cotinus coggygria*）、小花溲疏（*Deutzia parviflora*）、大花溲疏（*Deutzia grandiflora* Bunge）、杭

子梢（*Campylotropis macrocarpa*）、桑叶葡萄（*Vitis heyneana* subsp. *ficifolia*）、欧李（*Cerasus humilis*）、野山楂（*Crataegus cuneata*）、三裂绣线菊（*Spiraea trilobata*）。草本层主要有细叶臭草（*Melica radula*）、白羊草（*Bothriochloa ischaemum*）、大披针薹草（*Carex lanceolata*）、黄背草（*Themeda japonica*）、野青茅（*Deyeuxia arundinacea*）、缘毛鹅观草（*Roegneria pendulina*）、野古草（*Arundinella anomala*）、翻白草（*Potentilla discolor*）、白莲蒿（*Artemisia sacrorum*）、野菊（*Dendranthema indicum*）、确山野豌豆（*Vicia kioshanica*）、红柴胡（*Bupleurum scorzonerifolium*）、桔梗（*Platycodon grandiflorus*）、瞿麦（*Dianthus superbus*）、墓头回（*Patrinia heterophylla*）、太行铁线莲（*Clematis kirilowii*）、葛（*Pueraria lobata*）、短尾铁线莲（*Clematis brevicaudata*）、南蛇藤（*Celastrus orbiculatus*）等。

（五）美丽胡枝子灌木林（*Lespedeza formosa*）

美丽胡枝子（*Lespedeza formosa*）是安阳太行山分布较为常见的一种植物，分布在海拔 1 500 m 以下。林分生长旺盛，伴生的植物较常见的有蚂蚱腿子（*Myripnois dioica*）、多花胡枝子（*Lespedeza floribunda*）、山桃（*Amygdalus davidiana*）、三裂绣线菊（*Spiraea trilobata*）、薄皮木（*Leptodermis oblonga*）、黄刺玫（*Rosa xanthina*）、河北木蓝（*Indigofera bungeana*）、灰栒子（*Cotoneaster acutifolius*）、山楂（*Crataegus pinnatifida*）、小叶梣（*Fraxinus bungeana*）等。草本植物有京芒草（*Achnatherum pekinense*）、野青茅（*Deyeuxia arundinacea*）、纤毛鹅观草（*Roegneria ciliaris*）、大油芒（*Spodiopogon sibiricus*）、红柴胡（*Bupleurum scorzonerifolium*）、墓头回（*Patrinia heterophylla*）、华北鸦葱（*Scorzonera albicaulis*）、阴行草（*Siphonostegia chinensis*）、石竹（*Dianthus chinensis*）、地榆（*Sanguisorba officinalis*）、委陵菜（*Potentilla chinensis*）、北京隐子草（*Cleistogenes hancei*）、三脉紫菀（*Aster ageratoides*）、狗娃花（*Aster hispidus*）等。

（六）黄刺玫灌木林（*Rosa xanthina* Lindl.）

黄刺玫（*Rosa xanthina* Lindl.）灌木林是安阳太行山地区常见的灌丛之一，广泛分布于安阳太行山区，海拔 800～1 300 m，呈丛生状态，多生长在阳坡或半阳坡林缘或坡地。林分生长茂盛，花鲜黄色，枝条紫红

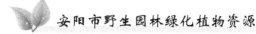

色,是安阳市重要的春季观花植物之一。伴生的木本植物有山桃(*Amygdalus davidiana*)、河北木蓝(*Indigofera bungeana*)、牛叠肚(*Rubus crataegifolius*)、小叶鼠李(*Rhamnus parvifolia*)、小花溲疏(*Deutzia parviflora*)、多花胡枝子(*Lespedeza floribunda*)、短梗胡枝子(*Lespedeza cyrtobotrya*)、土庄绣线菊(*Spiraea pubescens*)、杭子梢(*Campylotropis macrocarpa*)、盐肤木(*Rhus chinensis*)、西北栒子(*Cotoneaster zabelii*)、野山楂(*Crataegus cuneata*)、蚂蚱腿子(*Myripnois dioica*)等。草本植物主要有京芒草(*Achnatherum pekinense*)、黄背草(*Themeda japonica*)、委陵菜(*Potentilla chinensis* Ser.)、华北蓝盆花(*Scabiosa comosa*)、北京隐子草(*Cleistogenes hancei*)、麻花头(*Serratula centauroides*)、祁州漏芦(*Rhaponticum uniflorum*)、华北鸦葱(*Scorzonera albicaulis*)、白莲蒿(*Artemisia stechmanniana*)等。

(七)灰栒子灌木林(*Cotoneaster acutifolius* Turcz.)

灰栒子(*Cotoneaster acutifolius*)灌木林分分布于安阳太行山海拔1 000 m以上的山地,林分呈片状或零星状生长。伴生的木本植物有栓翅卫矛(*Euonymus phellomanus*)、薄皮木(*Leptodermis oblonga*)、西北栒子(*Cotoneaster zabelii*)、小叶鼠李(*Rhamnus parvifolia*)、三裂绣线菊(*Spiraea trilobata*)、河北木蓝(*Indigofera bungeana*)、华帚菊(*Pertya sinensis*)、六道木(*Zabelia biflora*)、唐古特忍冬(*Lonicera tangutica*)、黑果栒子(*Cotoneaster melanocarpus*)、小叶白蜡(*Fraxinus bungeana*)、陕西荚蒾(*Viburnum schensianum*)等。该林分草本植物主要由黄背草(*Themeda triandra*)、岩败酱(*Patrinia rupestris*)、防风(*Saposhnikovia divaricata*)、毛莲蒿(*Artemisia vestita*)、北京隐子草(*Cleistogenes hancei*)等植物构成。该林分类型在安阳太行山区山顶、山脊处是一种旱生的群落类型。

(八)榛灌木林(*Corylus heterophylla* Fisch.)

榛(*Corylus heterophylla*)灌木林是安阳太行山区高山常见灌丛之一,分布于海拔800 m以上的山坡、林缘。林分成片成丛生长,形成茂密的灌丛林分。伴生的木本植物有牛叠肚(*Rubus crataegifolius*)、卫矛(*Euonymus alatus*)、陕西荚蒾(*Viburnum schensianum*)、牛奶子

（*Elaeagnus umbellata*）、西北栒子（*Cotoneaster zabelii*）、华北绣线菊（*Spiraea fritschiana*）、六道木（*Zabelia biflora*）、苦糖果（*Lonicera fragrantissima* var. *lancifolia*）、黄刺玫（*Rosa xanthina*）、桦叶荚蒾（*Viburnum betulifolium*）、三裂绣线菊（*Spiraea trilobata*）等。草本植物主要有大油芒（*Spodiopogon sibiricus*）、京芒草（*Achnatherum pekinense*）、黄背草（*Themeda japonica*）、委陵菜（*Potentilla chinensis*）、蓬子菜（*Galium verum*）、地榆（*Sanguisorba officinalis*）、山牛蒡（*Synurus deltoides*）、野青茅（*Deyeuxia pyramidalis*）、并头黄芩（*Scutellaria scordifolia*）苍术（*Atractylodes Lancea*）、太行铁线莲（*Clematis kirilowii*）、山罗花（*Melampyrum roseum*）、小红菊（*Chrysanthemum*）等植物构成。

六、草甸类型

安阳太行山区草甸主要分布在林州的任村镇、姚村镇、石板岩镇、黄华镇、合涧镇、横水镇、原康镇、河顺镇、东岗镇、采桑镇、东姚镇、临淇镇、五龙镇、桂林镇，殷都区的都里镇、磊口乡、许家沟乡及龙安区的马家乡、善应镇等山区，组成草甸的草本植物有160余种。其中优势种有40余种，主要由禾本科、菊科、豆科、蔷薇科、莎草科、伞形科、百合科等科植物组成。草甸在安阳的殷都区、龙安区、林州市山区不同的海拔高度均有分布，低海拔的浅山丘陵地区草甸草本植物主要有白羊草（*Bothriochloa ischaemum*）、狗牙根（*Cynodon dactylon*）、荩草（*Arthraxon hispidus*）、鹅观草（*Roegneria kamoji*）、北京隐子草（*Cleistogenes hancei*）、马唐（*Digitaria sanguinalis*）、黄花蒿（*Artemisia annua*）、蒙古蒿（*Artemisia mongolica*）、长芒草（*Stipa bungeana*）等；山顶或山脊上草本植物主要有狼尾草（*Pennisetum alopecuroides*）、黄背草（*Themeda japonica*）、荻（*Miscanthus sacchariflorus*）、白茅（*Imperata cylindrica*）、知风草（*Eragrostis ferruginea*）等，林州海拔1 000 m以上的较高山地分布的草甸植物主要有野古草（*Arundinella anomala*）、野青茅（*Deyeuxia arundinacea*）、白莲蒿（*Artemisia stechmanniana*）、毛杆野古草（*Arundinella hirta*）等；在海拔较低湿生环境下的草甸植物主要有酸模叶蓼（*Polygonum lapathifolium* L.）、稗属（*Echinochloa* P. Beauv.）植物，群落中分布的湿生和沼生植物主要有二形鳞苔草（*Carex dimorpholepis*）、地榆（*Sanguisorba officinalis*）、柳叶菜（*Epilobium hirsutum*）、翼果薹草（*Carex neurocarpa*）等。

七、沼泽植被和水生植被类型

安阳市尤其是山区水域面积不大，河流多为季节性河流，沼泽植被和水生植被面积较小。沼泽以草本类型为主，多见于各地水库、河流河滩、池塘、沟渠等地。草本植物主要有有黑三棱（*Sparganium stoloniferum*）、长芒稗（*Echinochloa caudata*）、香蒲（*Typha orientalis*）、香附子（*Cyperus rotundus*）、头状穗莎草（*Cyperus* glomeratus. ）、旋鳞莎草（*Cyperus michelianus*）、芦苇（*Phragmites australis*）、荻（*Miscanthus sacchariflorus*）、扁秆荆三棱（*Bolboschoenus planiculmis*）、小花灯心草（*Juncus articulatus*）、水毛花（*Schoenoplectus mucronatus* subsp. *robustus*）、喜旱莲子草（*Alternanthera philoxeroides*）、虉草（*Phalaris arundinacea*）等。水生植被主要分布于水库、河流、池塘、沟渠等水体中，常见的沉水植物主要有菹草（*Potamogeton crispus*）、竹叶眼子菜（*Potamogeton malaianus*）、篦齿眼子菜（*Potamogeton pectinatus*）、穿叶眼子菜（*Potamogeton perfoliatus*）、狐尾藻（*Myriophyllum verticillatum*）、大茨藻（*Najas marina*）、黑藻（*Hydrilla verticillata*）、苦草（*Vallisneria natans*）、金鱼藻（*Ceratophyllum demersum*）等；浮水植被主要有眼子菜（*Potamogeton distinctus*）、满江红（*Azolla pinnata* subsp. *asiatica*）、槐叶蘋（*Salvinia natans*）、品藻（*Lemna trisulca*）、浮萍（*Lemna minor.* ）、紫萍（*Spirodela polyrhiza*）、莕菜（*Nymphoides peltata*）、欧菱（*Trapa natans*）等。

第二节　维管束植物资源

一、维管束植物资源概况

经调查统计，安阳市共有维管束植物 150 科 688 属 1 690 种（含变种、亚种），其中蕨类植物 24 科 50 属 96 种，裸子植物 5 科 6 属 10 种，

被子植物 121 科 632 属 1 584 种(含双子叶植物 106 科 493 属 1 230
种,单子叶植物 15 科 139 属 354 种)(见表 2-1)。

表 2-1　安阳市维管植物统计

类别		科数	属数	种数
蕨类植物		24	50	96
裸子植物		5	6	10
被子植物	双子叶植物	106	493	1 230
	单子叶植物	15	139	354
合计		150	688	1 690

二、国家珍惜濒危保护植物资源

按照原国家林业局和农业部于 1999 年 9 月 9 日联合颁布的《国家
重点保护野生植物名录》(第一批)和河南省人民政府《关于河南省重
点保护植物名录的通知》(豫政〔2005〕1 号),经过植物资源调查,安阳
市分布的珍稀濒危国家级保护植物和省级保护植物 5 种 1 变种,分属
6 个科。

1. 南方红豆杉　*Taxus wallichiana* var. *mairei*

南方红豆杉(*Taxus wallichiana* var. *mairei*)是红豆杉变种,隶属于
红豆杉科红豆杉属,在林州石板岩山区有零星分布。红豆杉作为第四
纪冰川残遗下来的古老树种,我国将其列为一级珍稀濒危保护植物。
同时红豆杉作为珍稀濒危保护植物,被第十三届《濒危野生动植物种
国际贸易公约》缔约国大会列入公约附录,联合国也明令禁止采伐。

南方红豆杉为常绿乔木,树皮灰褐色,裂成条片。大枝开展。小枝
互生,叶螺旋状着生,基部扭曲排列成两列。叶条形,通常微弯,边缘微
反曲呈弯镰状,先端尖或微急尖,叶下面沿中脉两侧有两条淡黄色气孔
带,绿色的边带极窄。雌雄异株。种子扁卵圆形,生于红色肉质的杯状
假种皮中。

红豆杉的种子——红豆,生于红色肉质的杯状假种皮中,好像南国

的相思豆,外红里艳,故名红豆杉。中国红豆杉树形美观大方,四季常绿,果实成熟期红绿相映,优雅美观,是很好的庭院绿化观赏植物;同时,红豆杉全株可提炼抗癌活性物质——紫杉醇,红豆杉也是天然珍稀抗癌植物 。其分布于长江流域及以南地区。

2. 领春木 *Euptelea pleiospermum*

领春木(*Euptelea pleiospermum*)隶属昆栏树科领春木属,是第三纪孑遗的珍稀植物,是国家三级珍稀濒危保护植物,对研究古植物区系和古代地理气候有重要的学术价值。

领春木为落叶灌木或小乔木,树皮紫黑或褐灰色,枝具长枝和短枝,散生椭圆形皮孔,无毛;花两性,花先叶开放,无花瓣;果实周围具翅,顶端钝圆,向下渐窄,看似青龙偃月刀,果实聚在一起像个钥匙串。

领春木树姿优美,枝叶繁茂,幼叶紫红,紫色花簇,果实奇特,为优良的园林观赏树种。

领春木分布于我国华北、华中、西南和东南地区,安阳市的林州市海拔 1 000 m 以上山谷杂木林中有零星分布,太行大峡谷多见。

3. 青檀 *Pteroceltis tatarinowii*

青檀(*Pteroceltis tatarinowii*)为榆科青檀属单种属植物,为国家三级保护植物。

青檀为常绿乔木,树皮灰色或深灰色,不规则的长片状剥落;小枝黄绿色,干时变栗褐色,疏被短柔毛,后渐脱落,皮孔明显,椭圆形或近圆形;冬芽卵形。叶纸质,宽卵形至长卵形,先端渐尖至尾状渐尖,基部不对称,楔形、圆形或截形,边缘有不整齐的锯齿,基部 3 出脉,侧出的一对近直伸达叶的上部,侧脉 4~6 对,叶面绿,叶背淡绿,具叶柄,其上被短柔毛。翅果状坚果近圆形或近四方形,具宽翅,稍带木质,有放射线条纹,下端截形或浅心形,顶端有凹缺,具宿存的花柱和花被。花期 3~5 月,果期 8~10 月。

青檀的茎皮和枝皮可提取纤维,其纤维是制造"宣纸"的主要原料;其木材材质坚硬,韧性好,耐磨损,质地细致,是制作家具、农用工具和建筑用材的上等木料;种子可榨油;其枝繁叶茂,树姿优美,是优良的园林观赏树种。

4. 太行花 *Taihangia rupestris*

太行花(*Taihangia rupestris*)属蔷薇科太行花属,被列为国家二级保护草本植物。其作为古老的残遗植物,对于蔷薇科植物在进化、起源等方面的研究具有重要的学术价值。

太行花为多年生草本,生于海拔1 000~1 300 m的绝岩峭壁,仅分布于豫北、晋东南和冀南太行山区,呈零星分布。其地下根茎粗壮,花葶上无叶,仅有少数苞片,苞片3裂。基生叶为单叶,边缘有圆钝或急尖锯齿。单花(稀2花)顶生,雄性和两性花同株或异株;萼筒倒圆锥形或陀螺形,萼片5,镊合状排列;花瓣5,白色。瘦果被柔毛。花果期5~8月。

太行花由于其生长零散稀疏,天然繁殖差,加上生境的恶化破坏,应加以保护措施。

5. 野大豆 *Glycine soja* Sieb. et Zucc.

野大豆(*Glycine soja* Sieb. et Zucc.)属豆科豆属,国家二级保护草本植物。野大豆具有适应性广和抗病虫害能力强的优点,可用于大豆良种选育和杂交育种的亲本材料。

野大豆为一年生缠绕草本,茎、小枝纤细,全体疏被褐色长硬毛。叶具3小叶,顶生小叶卵圆形或卵状披针形,先端锐尖至钝圆,基部近圆形,全缘,两面均被绢状的糙伏毛,侧生小叶斜卵状披针形。总状花序通常短,腋生;花小,花梗密生黄色长硬毛;苞片披针形;花萼钟状,裂片5;蝶形花,花冠淡红紫色或白色,荚果长圆形,密被硬毛,种子间稍缢缩,干时易裂;种子2~3颗,椭圆形,褐色至黑色。花期7~8月,果期8~10月。

野大豆天然产于淮河流域至黄河流域,安阳太行山区也有分布,生于山坡、林缘、旷野、灌丛。

6. 狭叶瓶尔小草 *Ophioglossum thermale* Kom.

狭叶瓶尔小草(*Ophioglossum thermale* Kom.)为蕨类植物,属于瓶尔小草科瓶尔小草属,国家二级珍稀濒危保护植物。

狭叶瓶尔小草根状茎细短,直立,有一簇细长不分枝的肉质根,向四面横走如匍匐茎,在先端发生新植物。叶单生或2~3叶同自根部生出,总叶柄纤细,绿色或下部埋于土中,呈灰白色;营养叶为单叶,每梗一片,无柄,倒披针形或长圆倒披针形,向基部为狭楔形,全缘,先端微尖或稍钝,草质,淡禄色,具不明显的网状脉,但在光下则明晰可见。孢子叶自营养叶的基部生出,高出营养叶,孢子囊穗狭线形,先端尖,由15~28对孢子囊组成。孢子灰白色,近于平滑。

狭叶瓶尔小草产于东北、华北、西南等地区,安阳太行山区也有分布。其为药用植物,主治肿毒等。

三、河南省重点保护植物

根据河南省人民政府《关于河南省重点保护植物名录的通知》(豫政〔2005〕1号)文件颁布的河南省重点保护植物名录,安阳市分布的河南省重点保护植物有15种,隶属11科14属,占全省重点保护植物的16.1%(见表2-2)。

表2-2 安阳市分布河南省重点保护植物名录

序号	门类	科别	属别	种别
1	蕨类植物 *Pteridophyta*	凤尾蕨科 *Pteridaceae*	铁线蕨属 *Adiantum*	团羽铁线蕨 *Adiantum capillus-junonis*
2		球子蕨科 *Onocleaceae*	荚果蕨属 *Matteuccia*	荚果蕨 *Matteuccia struthiopteris*
3	裸子植物 *Gymnospermae*	松科 *Pinaceae*	松属 *Pinus*	白皮松 *Pinus bungeana*
4	被子植物 *Angiospermae*	胡桃科 *Juglandaceae*	胡桃属 *Juglans*	胡桃楸 *Juglans mandshurica*
5		榆科 *Ulmaceae*	榉属 *Zelkova*	大果榉 *Zelkova sinica*
6			青檀属 *Pteroceltis*	青檀 *Pteroceltis tatarinowi*
7			榆属 *Ulmus*	太行榆 *Ulmus taihangshanensis*
8		领春木科 *Eupteleaceae*	领春木属 *Euptelea*	领春木 *Euptelea pleiosperma*

续表 2-2

序号	门类	科别	属别	种别
9		毛茛科 *Ranunculaceae*	金莲花属 *Trollius*	金莲花 *Trollius chinensis*
10		虎耳草科 *Saxifragaceae*	独根草属 *Oresitrophe*	独根草 *Oresitrophe rupifraga*
11	被子植物 *Angiospermae*	蔷薇科 *Rosaceae*	太行花属 *Taihangia*	太行花 *Taihangia rupestris*
12			苹果属 *Malus*	河南海棠 *Malus honanensis*
13		安息香科 *Styracaceae*	安息香属 *Styrax*	玉铃花 *Styrax obassis*
14		菊科 *Asteraceae*	太行菊属 *Opisthopappus*	太行菊 *Opisthopappus taihangensis*

四、太行山三大绝壁奇花

太行花、太行菊和独根草被誉为太行山三大绝壁奇花。这三种植物形成太行山区悬崖峭壁上奇美的自然景观。三者均为太行山的独特物种，也是我国特有的珍稀物种，仅仅在极少悬崖绝壁区域才有分布，非常奇特。因其分布范围较小，生长环境恶劣，而且种群天然繁殖较差，再加上人为采摘破坏，使得它们处于种群逐渐减少的境地。安阳市的林州太行山区这三种植物均有分布。

1. 太行菊　*Opisthopappus taihangensis*

太行菊属于菊科菊属草本植物，产于晋、冀、豫交界的太行山区（主要在山西省的阳城、泽州、陵川、壶关、平顺，河北省的武安、涉县、磁县、邢台，河南省的济源、沁阳、博爱、修武、辉县、林州等），是该地区的特有种类。太行菊生长在太行山海拔 1 000 m 左右悬崖峭壁的石缝间。太行菊在《世界自然保护联盟濒危物种红色名录》中被列为近危（NT），在《国家重点保护野生植物名录（第二批）》（讨论稿）中被列为国家二级濒危重点保护植物。

太行菊为多年生草本植物,高 20 cm 左右;根垂直直伸于石缝中。基生叶卵形至椭圆形,二回羽状分裂。茎叶与基生叶同形并等样分裂,但最上部的叶常羽裂。全部叶末回裂片披针形、长椭圆形或斜三角形,纤细。叶两面被稀疏短柔毛,基生叶具叶柄长。头状花序单生或双生枝端。总苞浅盘状,总苞片约 4 层。舌状花白色,少有粉红色,舌状线形,管状花黄色。冠毛芒片状。花果期 6~9 月。

太行菊地方群众称野菊花,太行菊可泡茶,具清肝明目作用。太行菊的花初开时为淡紫色,完全绽放后为白色,秋季绽放,花色奇特,观赏价值极高。

2. 太行花　*Taihangia rupestris* Yü et Li

太行花(*Taihangia rupestris*)属于蔷薇科太行花属,被列为国家二级保护草本植物。其作为古老的残遗植物,对于蔷薇科植物在进化、起源等方面的研究,具有重要的学术价值。

太行花为多年生草本,生于海拔 1 000~1 300 m 的绝岩峭壁,仅分布于豫北、晋东南和冀南太行山区,呈零星分布。其地下根茎粗壮,花葶上无叶,仅有少数苞片,苞片 3 裂。基生叶为单叶,边缘有圆钝或急尖锯齿。单花顶生,雄性和两性花同株或异株;萼筒倒圆锥形或陀螺形,萼片 5,镊合状排列;花瓣 5,白色。瘦果被柔毛。花果期 5~8 月。

太行花由于其生长零散稀疏,天然繁殖差,加上生境的恶化破坏,应加以保护措施。

3. 独根草　*Oresitrophe rupifraga*

独根草(*Oresitrophe rupifraga*)为虎耳草科独根草属草本植物,生于海拔 600~2 100 m 的山谷或绝壁岩石缝中,主要分布在河南、河北、山西、北京的太行山区及辽宁西部山区等。

独根草为多年生草本,高 20 cm 左右。根状茎粗壮,被有鳞片。叶均基生,2~3 枚;叶片心形至卵形,先端短渐尖,边缘具不规则齿牙,基部心形,腹面近无毛,背面和边缘具腺毛,具叶柄。叶片初生期间颜色为红褐色,然后随着叶片逐渐伸展则慢慢变为绿色。多歧聚伞花序圆锥状,密被腺毛;花瓣状萼片卵形至狭卵形,5~7 片,花瓣缺失。先花后叶,花开初期花萼多为粉红色或白色,花蕊多为紫色,后期花萼多转为淡绿色或者鹅黄色。蒴果革质。花果期5~9月。

独根草花色美丽,可供栽培观赏。

五、野生园林观赏植物资源

经调查统计,安阳市共有野生园林观赏植物资源92科526种(含变种、亚种),其中蕨类植物13科61种(含变种、亚种),裸子植物3科5种,被子植物76科460种(含变种、亚种,其中双子叶植物66科413种,单子叶植物10科47种)(见表2-3)。

表2-3 安阳市野生园林观赏植物统计

类别		科数	属数	种数(含亚种和变种)
蕨类植物		13	27	61
裸子植物		3	4	5
被子植物	双子叶植物	66	178	413
	单子叶植物	10	30	47
合计		92	239	526

第三章 安阳市野生园林绿化蕨类植物资源

第一节 概 述

蕨类植物是维管束植物中的特殊类群,它们是以孢子繁殖的一个类群,其中一部分种类具有较高的观赏价值。蕨类植物喜欢阴湿环境,为阴生或较耐阴植物,自然分布于森林植被下层。蕨类植物体态优美,叶型独特,孢子囊群组合成不同的图案等,给人以清新高雅、舒适宁静的美感。蕨类植物许多种可应用于园林绿化、布景配置、盆栽观赏、切花配叶等方面。野外考察表明,安阳市分布的具有较高观赏价值的蕨类植物61种(含亚种和变种),分属13科27属(见表3-1)。

表3-1 安阳市观赏蕨类植物名录

序号	科名	属名	种名	观赏价值
1	卷柏科 *Selaginellaceae*	卷柏属 *Selaginella*	卷柏 *Selaginella tamariscina*	小型观叶,适合盆栽
2			兖州卷柏 *Selaginella involvens*	小型观叶,适合盆栽
3			垫状卷柏 *Selaginella pulvinata*	小型观叶,适合盆栽
4			红枝卷柏 *Selaginella sanguinolenta*	小型观叶,适合盆栽
5			中华卷柏 *Selaginella sinensis*	小型观叶,适合盆栽
6			蔓出卷柏 *Selaginella davidii*	小型观叶,适合盆栽
7			旱生卷柏 *Selaginella stauntoniana*	小型观叶,适合盆栽

续表 3-1

序号	科名	属名	种名	观赏价值
8	碗蕨科 *Dennstaedtiaceae*	碗蕨属 *Dennstaedtia*	溪洞碗蕨 *Dennstaedtia wilfordii*	小型观叶，适合盆栽
9			细毛碗蕨 *Dennstaedtia hirsuta*	小型观叶，适合盆栽
10		姬蕨属 *Hypolepis*	姬蕨 *Hypolepis punctata*	小型观叶，适合盆栽
11		蕨属 *Pteridium*	蕨 *Pteridium aquilinum* var. *latiusculum*	大型观叶，盆栽、地栽
12	球子蕨科 *Onocleaceae*	荚果蕨属 *Matteuccia*	中华荚果蕨 *Pentarhizidium intermedium*	大型观叶，盆栽、地栽
13			荚果蕨 *Matteuccia struthiopteris*	大型观叶，盆栽、地栽
14	水龙骨科 *Polypodiaceae*	棱脉蕨属 *Goniophlebium*	中华水龙骨 *Goniophlebium chinense*	大型观叶，盆栽、地栽
15		瓦韦属 *Lepisorus*	瓦韦 *Lepisorus thunbergianus*	小型观叶，适合盆栽、石附生
16			乌苏里瓦韦 *Lepisorus ussuriensis*	小型观叶，适合盆栽、石附生
17		石韦属 *Pyrrosia*	华北石韦 *Pyrrosia davidii*	小型观叶，适合盆栽、石附生
18			有柄石韦 *Pyrrosia petiolosa*	小型观叶，适合盆栽、石附生
19	木贼科 *Equisetaceae*	木贼属 *Equisetum*	问荆 *Equisetum arvense*	中小型观叶，盆栽、地栽
20			节节草 *Equisetum ramosissimum*	中小型观叶，盆栽、地栽

续表 3-1

序号	科名	属名	种名	观赏价值
21			小叶中国蕨 *Aleuritopteris albofusca*	小型观叶,适合盆栽、石附生
22		粉背蕨属 *Aleuritopteris*	银粉背蕨 *Aleuritopteris argentea*	小型观叶,适合盆栽、石附生
23			陕西粉背蕨 *Aleuritopteris argentea var. obscura*	小型观叶,适合盆栽、石附生
24	尾蕨科 *Pteridaceae*		华北粉背蕨 *Aleuritopteris kuhnii*	小型观叶,适合盆栽、石附生
25		凤尾蕨属 *Pteris*	蜈蚣凤尾蕨 *Pteris vittata*	大型观叶,适合盆栽、石附生
26			井栏边草 *Pteris multifida*	大型观叶,适合盆栽、石附生
27			团羽铁线蕨 *Adiantum capillus-junonis*	中小型观叶,适合盆栽、石附生
28		铁线蕨属 *Adiantum*	铁线蕨 *Adiantum capillus-veneris*	小型观叶,适合盆栽
29			白背铁线蕨 *Adiantum davidii*	小型观叶,适合盆栽
30			掌叶铁线蕨 *Adiantum pedatum*	中大型观叶,适合盆栽

续表 3-1

序号	科名	属名	种名	观赏价值
31	凤尾蕨科 Pteridaceae	铁线蕨属 Adiantum	普通铁线蕨 Adiantum edgewothii	中小型观叶,适合盆栽、地栽
32		凤丫蕨属 Coniogramme	普通凤尾蕨 Coniogramme intermedia	大型观叶,盆栽、地栽
33			无毛凤丫蕨 Coniogramme intermedia var. glabra	大型观叶,盆栽、地栽
34		金毛裸蕨属 Paragymnopteris	耳羽金毛裸蕨 Paragymnopteris bipinnata var. auriculata	小型观叶,适合石附生
35	蹄盖蕨科 Athyriaceae	对囊蕨属 Deparia	河北对囊蕨 Deparia vegetior	小型观叶,盆栽、地栽
36			东北对囊蕨 Deparia pycnosora	小型观叶,盆栽、地栽
37		安蕨属 Anisocampium	日本安蕨 Anisocampium niponicum	中大型观叶,盆栽、地栽
38		蹄盖蕨属 Athyrium	麦秆蹄盖蕨 Athyrium fallaciosum	中小型观叶,盆栽、地栽
39			东北蹄盖蕨 Athyrium brevifrons	中大型观叶,盆栽、地栽
40			禾秆蹄盖蕨 Athyrium yokoscense	中大型观叶,盆栽、地栽
41			中华蹄盖蕨 Athyrium sinense	中大型观叶,盆栽、地栽

续表 3-1

序号	科名	属名	种名	观赏价值
42	蹄盖蕨科 *Athyriaceae*	蹄盖蕨属 *Athyrium*	大叶假冷蕨 *Athyrium atkinsonii*	大型观叶， 盆栽、地栽
43			假冷蕨 *Athyrium spinulosum*	大型观叶， 盆栽、地栽
44	冷蕨科 *Cystopteridaceae*	羽节蕨属 *Gymnocarpium*	羽节蕨 *Gymnocarpium jessoense*	中小型观叶，盆栽、地栽
45	肿足蕨科 *Hypodematiaceae*	肿足蕨属 *Hypodematium*	肿足蕨 *Hypodematium crenatum*	中小型观叶，盆栽、地栽石附生
46			修株肿足蕨 *Hypodematium gracile*	小型观叶，盆栽、地栽石附生
47	铁角蕨科 *Aspleniaceae*	铁角蕨属 *Asplenium*	北京铁角蕨 *Asplenium pekinense*	小型观叶，盆栽、地栽石附生
48			虎尾铁角蕨 *Asplenium incisum*	小型观叶，盆栽、地栽石附生
49			华中铁角蕨 *Asplenium sarelii*	小型观叶，盆栽、地栽石附生
50			钝齿铁角蕨 *Asplenium tenuicaule* var. *subvarians*	小型观叶，盆栽、地栽石附生
51		过山蕨属 *Camptosorus*	过山蕨 *Asplenium ruprechtii*	小型观叶，盆栽、地栽石附生

续表 3-1

序号	科名	属名	种名	观赏价值
52	鳞毛蕨科 Dryopteridaceae	耳蕨属 Polystichum	华北耳蕨 Polystichum craspedosorum	小型观叶,盆栽、地栽石附生
53			戟叶耳蕨 Polystichum tripteron	小型观叶,盆栽、地栽石附生
54		鳞毛蕨属 Dryopteris	中华鳞毛蕨 Dryopteris chinensis	中大型观叶,盆栽、地栽
55			假异鳞毛蕨 Dryopteris immixta	中大型观叶,盆栽、地栽
56			两色鳞毛蕨 Dryopteris setosa	中大型观叶,盆栽、地栽
57		贯众属 Cyrtomium	镰羽贯众 Cyrtomium balansae	中大型观叶,盆栽、地栽
58			贯众 Cyrtomium fortunei	中大型观叶,盆栽、地栽
59	槐叶蘋科 Salviniaceae	槐叶蘋属 Salvinia	槐叶蘋 Salvinia natans	小型观叶,水景
60		满江红属 Azolla	满江红 Azolla pinnata subsp. asiatica	小型观叶,水景
61	蘋科 Marsileaceae	蘋属 Marsilea	蘋 Marsilea quadrifolia	小型观叶,水景

第二节 安阳市主要野生园林 绿化蕨类植物简介

一、卷柏科 *Selaginellaceae*

（一）卷柏属 *Selaginella*

1. 卷柏 *Selaginella tamariscina*

别名：见水还、还魂草、九死还魂草

形态特征：土生或岩石小型蕨类植物，主茎不明显，呈垫丛状，直立，顶端丛生辐射斜展小枝，干旱失水"干枯"遇水复苏植物，干后内卷如拳。小叶二型，四列，腹背各二列，交互着生，斜上，叶质厚，表面光滑，具白边，主茎上的叶覆瓦状排列，绿色或棕色。分枝上的叶对称，卵形、卵状三角形或椭圆形，边缘有细齿。中叶不对称，小枝上的叶椭圆形，覆瓦状排列，先端具芒，外展或与轴平行，基部平截。侧叶不对称，小枝上的侧叶卵形到三角形或距圆状卵形，略斜升，相互重叠，先端具芒，基部上侧扩大，加宽，覆盖小枝，基部呈撕裂状或具细齿，下侧边近全缘，基部有细齿或具睫毛，反卷。

分布范围：分布于东北、华北、华东、华南等我国大部分地区，安阳太行山区有分布，常生于海拔 600 m 以上向阳的山坡干旱石灰岩上或岩石缝中。

园林价值：卷柏姿态别致，小巧玲珑，为优良的观赏蕨类植物，适合盆栽或配置成山石盆景观赏。抗旱、抗寒、耐瘠薄，管理粗放。

其他用途：全草药用。

二、碗蕨科 *Dennstaedtiaceae*

（一）碗蕨属 *Dennstaedtia*

1. 溪洞碗蕨 *Dennstaedtia wilfordii*

别名：金丝蕨、孔雀尾、万能解毒蕨

形态特征：小型蕨类植物。横走的根状茎细长，黑色，疏被棕色节

状长毛。叶二列疏生或近生;叶柄基部栗黑色,被节状长毛,上部禾秆色,光滑无毛,具光泽。叶片长圆披针形,先端渐尖或尾头,2～3回羽状深裂;羽片卵状阔披针形或披针形,先端渐尖或尾头,羽柄互生,1～2回羽状深裂;一回小羽片基部楔形,下延,斜向上,羽状深裂或为粗锯齿状;末回羽片先端为2～3叉的短尖头,边缘全缘。叶薄草质,干后淡绿或草绿色,通体光滑无毛;叶轴上面有沟,下面圆形,禾秆色。孢子囊群圆形,生末回羽片的腋中,或上侧小裂片先端;囊群盖半盅形,淡绿色,无毛。

分布范围:产于我国东北、华北、华东、华中、西南等地区。安阳太行山区有分布。

园林价值:其叶色碧绿,姿态优雅,为优良的观赏蕨类植物。可盆栽或地栽观赏,也可作插花的辅助材料。

其他用途:全草药用,主治感冒、风湿痹痛等。

三、球子蕨科 *Onocleaceae*

(一)荚果蕨属 *Matteuccia*

1.荚果蕨 *Matteuccia struthiopteris*

别名:黄瓜香、小叶惯众、野鸡膀子

形态特征:中大型蕨类植物。根状茎短而直立,木质而坚硬,深褐色,密被披针形棕色鳞片。叶簇生,二型,不育叶叶柄褐棕色,密被鳞片,叶片椭圆披针形至倒披针形,二回深羽裂,互生或近对生,斜展,下部的向基部逐渐缩小成小耳形,中部羽片最大,披针形或线状披针形,先端渐尖,无柄,羽状深裂,彼此接近,为整齐齿状排列,椭圆形或近长方形,中部以下的同大,圆头或钝头,边缘具波状圆齿或为近全缘,通常略反卷,叶脉明显,在裂片上为羽状,叶草质,无毛;能育叶较不育叶短,有粗壮的长柄,叶片倒披针形,一回羽状,羽片线形,两侧强度反卷成荚果状,呈念珠形,深褐色,包裹孢子囊群,孢子囊群圆形,成熟时连接而成为线形,囊群盖膜质。

分布范围:产于东北、华北、西北等地区,安阳太行山区有分布。

园林价值:体态优美,株型独特,叶片翠绿,为优良的观叶蕨类,植

物适合露天地栽和盆栽。

其他用途:幼叶可作野菜食用,根茎入药。

四、水龙骨科 *Polypodiaceae*

(一)石韦属 *Pyrrosia*

1. 有柄石韦 *Pyrrosia petiolosa*

形态特征:小型附生蕨类植物。根状茎细长横走,幼时密被披针形棕色鳞片;鳞片长尾状渐尖头,边缘具睫毛。叶远生,一型;具长柄,基部被鳞片,向上被星状毛,棕色或灰棕色;叶片椭圆形,急尖短钝头,基部楔形,下延,干后厚革质,全缘,上面灰淡棕色,有洼点,疏被星状毛,下面被厚层星状毛,初为淡棕色,后为砖红色。主脉下面稍隆起,上面凹陷,侧脉和小脉均不显。孢子囊群布满叶片下面,成熟时扩散并汇合。

分布范围:产于我国东北、华北、西北、西南及长江中下游各省区,安阳太行山区有分布,多生于海拔500 m以上干旱裸岩石上。

园林价值:小型观叶蕨类植物,可盆栽或地栽。

其他用途:药用植物。

2. 华北石韦 *Pyrrosia davidii*

别名:裸轴石韦、西南石韦、裸茎石韦

形态特征:小型附生蕨类植物。根状茎略粗壮而横卧,密被披针形鳞片。叶密生,一型;叶柄基部着生处密被鳞片,向上被星状毛,禾秆色;叶片狭披针形,中部最宽,向两端渐狭,短渐尖头,顶端圆钝,基部楔形,两边狭翅沿叶柄长下延,全缘,干后软纸质,上面淡灰绿色,下面棕色,密被星状毛,主脉在下面不明显隆起,上面浅凹陷,侧脉与小脉均不显。孢子囊群布满叶片下表面,幼时被星状毛覆盖,棕色,成熟时孢子囊开裂而呈砖红色。

分布范围:产于东北、华北、西北、华中等地区。安阳太行山区有分布,附生于海拔400 m以上阴湿岩石上。

园林价值:小型观叶蕨类植物,可盆栽或地栽。

其他用途:药用。

(二)瓦韦属

1.乌苏里瓦韦　*Lepisorus ussuriensis*

别名:无

形态特征:小型附生蕨类植株。根状茎细长横走,密被披针形褐色鳞片,鳞片具有长的芒状尖,边缘有细齿。叶着生变化较大,叶柄禾秆色,或淡棕色至褐色,光滑无毛;叶片线状披针形,向两端渐变狭,短渐尖头,或圆钝头,基部楔形,下延,干后上面淡绿色,下面淡黄绿色,或两面均为淡棕色,边缘略反卷,纸质或近革质。主脉上下均隆起,小脉不显。孢子囊近梨形,有长柄,孢子囊群圆形,位于主脉和叶边之间。孢子椭圆形。

分布范围:产于东北、华北、华东、华中等地区,安阳太行山区有分布,附生于海拔800 m以上林下或山坡阴处岩石缝。

园林价值:小型观叶蕨类植物,可盆栽或地栽观赏。

其他用途:药用。

五、凤尾蕨科　*Pteridaceae*

(一)凤尾蕨属　*Pteris*

1.井栏边草　*Pteris multifida* Poir.

别名:凤尾草

形态特征:陆生中型草本植物。根状茎短而直立,先端被黑褐色鳞片。叶多数而簇生,二型;不育叶柄禾秆色,光滑;叶片卵状长圆形,一回羽状,羽片通常3对,对生,斜向上,无柄,线状披针形,先端渐尖,叶缘有不整齐的尖锯齿并有软骨质的边,下部1~2对通常分叉,有时近羽状,顶生三叉羽片及上部羽片的基部显著下延,在叶轴两侧形成狭翅;能育叶有长柄,羽片狭线形,不育部分具锯齿,余均全缘,基部一对有时近羽状。主脉两面均隆起,禾秆色,侧脉明显,稀疏,单一或分叉。叶干后草质,暗绿色,遍体无毛;叶轴禾秆色,稍有光泽。

分布范围:分布于华中、华东、华南、西南等地区,安阳太行山区有分布。

园林价值：叶型独特,姿态优美,为优良的观赏蕨类植物。适合地栽和盆栽观赏。

其他用途：药用。

(二)粉背蕨属 *Aleuritopteris*

1. 银粉背蕨 *Aleuritopteris argentea*

别名：长尾粉背蕨、德钦粉背蕨、裂叶粉背蕨

形态特征：旱生小型蕨类植物。植株高 20 cm 左右。根状茎直立或斜升,先端被披针形、棕色、有光泽的鳞片。叶簇生,叶柄红棕色、有光泽,叶片五角形,长宽几相等,先端渐尖,羽片 3 ~ 5 对,基部三回羽裂,中部二回羽裂,上部一回羽裂。叶干后草质或薄革质,上面褐色、光滑,叶脉不显,下面被乳白色或淡黄色粉末,裂片边缘有明显而均匀的细齿牙。孢子囊群近边生,圆形,生于叶脉顶端;囊群盖连续,狭,膜质,黄绿色,全缘。

分布范围：广泛分布于全国地区。安阳太行山区有分布,分布于海拔 1 600 m 以下太行山区,生于石缝中和墙缝中。

园林价值：小型观叶蕨类植物,适合盆栽观赏。

其他用途：全草入药。

2. 陕西粉背蕨 *Aleuritopteris argentea var. obscura*

别名：多羽裸叶粉背蕨

形态特征：旱生中小型蕨类植物。根状茎短而直立,密被边缘有棕色狭边的披针形鳞片,鳞片中间亮褐色。叶簇生,叶柄栗红色,有光泽,光滑;叶片五角形,尾状长渐尖,长宽几相等,基部三回羽裂,中部二回羽裂,顶部一回羽裂,分裂度细;侧生羽片 4 ~ 6 对,对生或近对生。叶干后纸质或薄革质,叶脉不显,上面光滑,下面无粉末;羽轴、小羽轴与叶轴同色,末回裂片边全缘或具微齿。孢子囊群线形或圆形。

分布范围：产于长江以北大部分地区。安阳太行山区有分布,分布于海拔 1 600 m 以下太行山区,生于石缝中和墙缝中。

园林价值：小型观叶蕨类植物,适合盆栽观赏。

其他用途：药用。

(三)铁线蕨属　*Adiantum* L.

1.团羽铁线蕨　*Adiantum capillus-junonis*

别名:团叶铁线蕨、翅柄铁线蕨

形态特征:小形蕨类植物。根状茎短而直立,被褐色披针形鳞片。叶簇生;柄长纤细如铁丝,深栗色,有光泽,基部被同样的鳞片,向上光滑;叶片披针形,奇数一回羽状;羽片下部的对生,上部的近对生,斜向上,具明显的柄,柄端具关节,羽片干后易从柄端脱落而柄宿存,两对羽片彼此疏离,团扇形或近圆形,基部对称,圆楔形或圆形,两侧全缘,上缘圆形,能育羽片具浅缺刻,不育部分具细齿牙;不育羽片上缘具细齿牙;上部羽片、顶生羽片均与下部羽片同形而略小。叶脉多回二歧分叉,直达叶边,两面均明显。叶干后膜质,草绿色,两面均无毛;羽轴及羽柄均为栗色,有光泽,叶轴先端常延伸成鞭状,能着地生根,行无性繁殖。孢子囊群着生在羽片顶部边缘的叶脉上,囊群盖长圆形或肾形,棕色,宿存。

分布范围:产于河北、河南、山东等地,安阳太行山区有分布,多生于潮湿的石灰岩上或墙缝中。

园林价值:小型观叶蕨类植物,适合盆栽或山石附生观赏。

其他用途:全草入药。

(四)凤丫蕨属　*Coniogramme* Fee

1.普通凤丫蕨　*Coniogramme intermedia*

别名:华凤丫蕨、中华凤丫蕨、菜中菜

形态特征:中大型陆生喜阴蕨类植物。植株高可达 120 cm。叶柄长,禾秆色或饰有淡棕色点;叶片和叶柄等长或稍短,卵状三角形或卵状长圆形,二回羽状;侧生羽片3~8对,基部一对最大,三角状长圆形,一回羽状;侧生小羽片披针形,长渐尖头,基部圆形至圆楔形,有短柄,顶生小羽片远较大,基部极不对称或叉裂;第二对羽片三出,或单一;第三对起羽片单一,披针形,长渐尖头,基部略不对称的圆楔形,有短柄至无柄,顶生羽片较其下的为大,基部常叉裂;羽片和小羽片边缘有斜上

的锯齿。叶干后草质到纸质,上面暗绿色,下面颜色较淡并有疏短柔毛。孢子囊群沿侧脉分布达离叶边不远处。

分布范围:东北、华北各省区,安阳太行山区有分布,生于林下湿润处。

园林价值:中型观叶蕨类植物,适合盆栽或地栽观赏。

其他用途:药用。

六、蹄盖蕨科 *Athyriaceae*

(一)对囊蕨属

1.河北对囊蕨 *Deparia vegetior*

别名:河北蛾眉蕨、疏羽蛾眉蕨、山西蛾眉蕨

形态特征:中等陆生蕨类植物。根状茎短而直立,有时可分叉成丛,顶部连同叶柄基部密被阔披针形大鳞片。叶簇生。叶柄禾秆色;叶片草质,狭长圆形或倒披针形,急尖头,一回羽状,羽片深羽裂;下部羽片3~4对略缩短,中部羽片深羽裂;裂片长圆形、卵状长圆形或钝三角形,近全缘或有波状圆齿。叶脉上面凹陷,下面微凸,在裂片上为羽状。叶干后纸质,褐绿色。孢子囊群长圆形,囊群盖新月形,全缘。

分布范围:分布于东北、河北、四川等地,安阳太行山区有分布,生于山谷林下或灌丛中。

园林价值:中型观叶蕨类植物,姿态优美,叶色碧绿,为优良的观赏蕨类植物,可盆栽或地植于阴处观赏。

其他用途:根状茎入药。

(二)安蕨属 *Anisocampium*

1.日本安蕨 *Anisocampium niponicum*

别名:日本蹄盖蕨、华北蹄盖蕨、华东蹄盖蕨

形态特征:陆生中型蕨类植物。根状茎横走而斜生,被褐色披针形鳞片。叶簇生。叶片厚草质,叶柄黑褐色,向上禾秆色,疏被较小的鳞片;叶片卵状长圆形,先端急狭缩,基部阔圆形,中部以上二回羽状至三回羽状;羽片密接,基部对称;小羽片近平展。叶干后草质或薄纸质,灰

绿色或黄绿色,两面无毛。孢子囊群长圆形、弯钩形或马蹄形,囊群盖同形,褐色,膜质。

分布范围:分布于东北、华北、华东、华中、西南等地区,安阳太行山区有分布。

园林价值:中型观叶蕨类植物,适合盆栽或阴生环境地栽观赏。

(三)蹄盖蕨属 *Athyrium*

1.麦秆蹄盖蕨 *Athyrium fallaciosum*

别名:小叶蹄盖蕨

形态特征:中型蕨类草本植物。根状茎横卧斜升,密被深褐色披针形的鳞片。叶簇生,叶片草质。叶片近倒披针形,渐尖头,向基部渐变狭,一回羽状,羽片深羽裂;下部6~7对羽片逐渐缩小成三角形的小耳片,近对生,无柄;中部的羽片阔披针形,先端钝或尖,基部平截,无柄,平展,略向上弯,羽裂深达羽轴。叶脉两面明显。叶干后草质,绿色或褐绿色,光滑;叶轴禾秆色。孢子囊群为圆肾形或马蹄形,囊群盖同形,膜质。

分布范围:产于东北、华北、西北、华中等地区,安阳太行山区有分布,生于海拔1 000 m以上山谷林下或阴湿岩石缝中。

园林价值:中型观叶蕨类植物,姿态优美,叶色碧绿,耐阴性强,可应用于地被或盆栽观赏。

七、肿足蕨科 *Hypodematiaceae*

(一)肿足蕨属 *Hypodematium*

1.肿足蕨 *Hypodematium crenatum*

形态特征:中小型石灰岩质的旱生蕨类植物。植株高可达50 cm左右。根状茎粗壮横卧,密被红棕色狭披针形鳞片。叶近生,叶柄禾秆色,基部被狭披针形鳞片;叶片卵状五角形,先端渐尖并羽裂,基部圆心形,三回羽状;羽片稍斜上,下部近对生,向上互生,基部一对最大,三角状长圆形,第二对以上各对羽片向上渐次缩短,披针形或长圆披针形。叶脉两面明显,侧脉羽状,叶草质,干后黄绿色,叶两面及叶轴密被灰白色柔毛。孢子囊群圆形,背生于侧脉中部;囊群盖大,肾形,浅灰色,膜质,背面疏被短柔毛。

分布范围:产于甘肃、河南、安徽、广东、广西、四川、贵州、云南等地区。安阳太行山区有分布,生于海拔 500 m 以上干旱的石灰岩缝。

园林价值:中小型观叶蕨类植物,叶形幽雅,姿态优美,耐旱耐阴,适合盆栽观赏。

其他用途:根茎可以药用。

2. 修株肿足蕨 *Hypodematium gracil*

别名:尖齿肿足蕨、中华肿足蕨

形态特征:中小型石灰岩质的旱生蕨类植物。植株高可达 40 cm 左右。根状茎粗壮横卧,密被红棕色狭披针形鳞片。叶近生,叶柄禾秆色,基部被狭披针形鳞片;叶片三角状卵形,四回羽裂;羽片斜上,下部一对最大,三角状披针形,第二对以上的羽片渐次缩小,披针形,短渐尖头。叶脉两面明显,侧脉单一或分叉,伸达叶边。叶草质,干后淡黄绿色,上面沿叶脉疏被灰白色细柔毛,下面和各回羽轴密被白色柔毛。孢子囊群圆形,背生于侧脉中部,囊群盖中等大,圆肾形,灰棕色,背面密被灰白色长针毛。

分布范围:产于华北、华东、华中等地区,安阳太行山区有分布,生于海拔 500 m 以上干旱的石灰岩缝。

园林价值:中小型观叶蕨类植物,叶形幽雅,姿态优美,耐旱耐阴,适合盆栽观赏。

八、木贼科 *Equisetaceae*

(一)木贼属 *Equisetum*

1. 问荆 *Equisetum arvense*

形态特征:陆生中型蕨类植物。根状茎横走,黑棕色,有暗黑色球茎。茎较叶发达,中空,有节,在节上有轮生的分枝;叶退化鳞片状,轮生,基部联合成鞘。地上枝一年生,枝二型。生孢子囊的茎枝春季由根状茎先萌发,黄棕色,无轮茎分枝,脊不明显,有密纵沟;鞘筒栗棕色或淡黄色,鞘齿栗棕色,狭三角形,孢子散后能育枝枯萎。营养枝后萌发,主枝绿色,轮生分枝多,主枝中部以下有分枝;鞘筒狭长,绿色,鞘齿三角形,中间黑棕色,边缘膜质淡棕色,宿存;侧枝柔软纤细,扁平状,有狭而高的脊,脊的背部有横纹。孢子囊穗圆柱形,顶端钝,成熟时柄伸长。

分布范围:产于东北、西北、华北、华中、华东、西南等地区。安阳太行山区地区有分布,生于沟边、田边。

园林价值:中型观赏蕨类植物。株形飘逸,叶形奇特,是一种优良的的园林景观蕨类植物。可盆栽或地栽植观赏。

其他用途:早春嫩枝尖端可作野菜食用;全草入药。

2. 节节草 *Equisetum ramosissimum*

别名:节节木贼、竹节菜、竹节花

形态特征:陆生中型蕨类植物。根茎直立,横走或斜升,黑棕色。茎较叶发达,中空,有节,在节上有轮生的分枝;叶退化鳞片状,轮生,基部联合成鞘。地上枝多年生。枝一型,高可达 100 cm,绿色,主枝多在下部分枝,常形成簇生状;主枝有脊 5~14 条,脊的背部弧形,有一行小瘤或有浅色小横纹;鞘筒狭长,下部灰绿色,上部灰棕色;叶鞘齿三角形,灰白色,边缘为膜质。侧枝较硬,圆柱状。孢子囊穗生枝顶,短棒状或椭圆形,无柄。

分布范围:我国各地均有分布。安阳市广泛分布,生于路旁、山地、沙地、溪边、田间地梗等。

园林价值:中型观赏蕨类植物。其株形优美,茎枝奇特,四季常青,可盆栽或地栽供园林观赏。

其他用途:全草入药。

九、鳞毛蕨科 *Dryopteridaceae*

(一)耳蕨属 *Polystichum*

1. 华北耳蕨 *Polystichum lepidocaulon*

别名:鞭叶耳蕨、鞭叶蕨

形态特征:陆生小型蕨类植物。植株高可达 20 cm。根状茎直立,密被披针形棕色鳞片。叶簇生,叶柄禾秆色,基部向上达叶轴顶部被披针形鳞片;叶片草质,线状披针形或狭倒披针形,先端渐狭,基部略狭,一回羽状;羽片下部的对生,向上为互生,平展或略斜向下,柄极短,矩圆形或狭矩圆形,基部偏斜,上侧截形,耳状凸明显或不明显,下侧楔形,边缘有内弯的尖齿牙;具羽状脉,侧脉单一,腹面不明显,背面微凸。叶轴先端延伸,顶端有芽胞能萌发新植株。孢子囊群通常位于羽片上侧边缘成一行,有时下侧也有;囊群盖大,圆形,全缘,盾状。

分布范围:产于东北、华北、华东、华中等地区。安阳太行山区有分布,生于林州海拔 600 m 以上阴面的石灰岩上。

园林价值:小型观叶蕨类植物,耐阴、喜湿,株形小巧,叶片密集丛生,排列整齐,拱形下垂,柔美典雅,为优良园林观赏植物,适于盆栽或林下地栽,也可壁挂或空悬种植观赏。

其他用途:药用。

(二)贯众属 *Cyrtomium*

1. 贯众 *Cyrtomium fortunei*

别名:山东贯众、宽羽贯众、多羽贯众

形态特征:陆生中型蕨类植物。植株高可达 50 cm。根状茎直立,密被宽披针形棕色鳞片。叶簇生,叶柄禾秆色,腹面有浅纵沟,被卵形及披针形棕色鳞片;叶片矩圆披针形,先端钝,基部不变狭或略变狭,纸质,奇数一回羽状;侧生羽片互生,近平伸,柄极短,披针形,多少上弯成镰状,先端渐尖少数成尾状,基部偏斜,上侧近截形或耳状凸起,下侧圆楔形,边缘全缘或有细锯齿;具网状脉。叶两面光滑;叶轴腹面有浅纵沟,疏生披针形及线形棕色鳞片。孢子囊群生羽片背面;囊群盖圆形,盾状,全缘。

分布范围:产于华北、西北和长江流域等地区。安阳太行山区有分布,生于林州太行山区半阴湿润的山坡。

园林价值:中型观叶蕨类植物,其叶形独特,碧绿靓丽,极具观赏效果,适合于盆栽观赏或地栽园林造景。也可作插花材料。

其他用途:药用。

十、铁角蕨科　*Aspleniaceae*

（一）过山蕨属　*Camptosorus*

1. 过山蕨　*Asplenium ruprechtii*

别名：马灯草

形态特征：石生小型蕨类草本植物。植株高可达 20 cm。根状茎短直立，顶部密被黑褐色披针形小鳞片。叶簇生，近二型，草质，两面无毛；不育叶较小，椭圆形；能育叶较大，披针形，基部楔形或圆楔形以狭翅下延于叶柄，顶部渐尖，并延伸成鞭状，能着地生根进行无性繁殖产生新株。叶脉网状。孢子囊群线形或椭圆形，生于主脉两侧，囊群盖短线形，膜质，灰绿色或浅棕色。

分布范围：产于东北、华北、华中、华东等地区；安阳太行山区有分布，生于林州太行山山地林下潮湿的岩石壁上或岩石脚下阴湿处。

园林价值：小型观赏蕨类植物，可以盆栽观赏或地植配置山石盆景园林景观。

其他用途：全草入药。

十一、槐叶蘋科　*Salviniaceae*

（一）槐叶蘋属　*Salvinia*

1. 槐叶蘋　*Salvinia natans*

别名：蜈蚣漂

形态特征：小型水生漂浮植物。无根，茎细长而横走，被褐色节状毛。叶二型，三叶轮生，三列。上面二叶漂浮水面，形如槐叶，长圆形或椭圆形，顶端钝圆，基部圆形或稍呈心形，全缘；均有叶柄；主脉明显，在主脉两侧有小脉；叶草质，上面深绿色，下面密被棕色茸毛。下面一叶悬垂水中形成假根，细裂成线状，被细毛，形如须根，起着根的作用。孢子果 4 ~ 8 个簇生于沉水叶的基部，表面疏生成束的短毛，小孢子果表面淡黄色，大孢子果表面淡棕色。

分布范围：产于长江流域和华北、东北等地区，安阳市有分布，生于池塘、静水溪河中。

园林价值:小型漂浮观叶植物。植株袖珍别致,叶形美观,适宜水容器种植,也可在公园池塘种植观赏。

其他用途:全草入药,其叶可作家禽饲料。

十二、蘋科 *Marsileaceae*

(一)蘋属 *Marsilea*

1.蘋 *Marsilea quadrifolia*

别名:田字草、萍、田字蘋、四叶蘋、蘋、破铜钱、四叶菜、叶合草

形态特征:小型水生蕨类植物。根状茎细长横走,分枝,顶端被有淡棕色毛,茎节远离,向上发出一至数枚叶子。具长叶柄;叶片由4片倒三角形的小叶组成,呈十字形,外缘半圆形,基部楔形,全缘,幼时被毛,草质。叶脉从小叶基部向上呈放射状分叉,组成狭长网眼,伸向叶边,无内藏小脉。孢子果双生或单生于短柄上,而柄着生于叶柄基部,长椭圆形,幼时被毛,褐色,木质,坚硬。每个孢子果内含多数孢子囊,大小孢子囊同生于孢子囊托上,一个大孢子囊内只有一个大孢子,而小孢子囊内有多数小孢子。

分布范围:广布长江以南各省区,北达华北和辽宁,西到新疆。安阳市有分布,生于水沟、池塘中。

园林价值:小型漂浮观叶蕨类植物。

其他用途:全草入药,可作饲料。

第四章 安阳市野生园林绿化 裸子植物资源

第一节 概 述

裸子植物主要特征:通常乔木、灌木,稀木质藤本。通常含树脂。茎的维管束并生式排列成一环,具有形成层,次生木质部几乎全由管胞组成,在韧皮部无伴胞。单叶,稀复叶;叶针形、线形、鳞片形、刺形、扇形、椭圆形、卵形、披针形、钻形,或退化成膜质鞘状。花单性,雌雄同株或异株;雄蕊有柄或无柄,组成雄球花,花粉有气囊或无,多为风媒传粉。雌蕊不形成子房,成组或成束着生,不形成雌球花,或多数至少数生于轴上而形成雌球花;胚珠多数至1个生于发育良好或不发育的大孢子叶上,由于大孢子叶没有形成密闭的子房,因而胚珠裸露。胚珠直立或倒生,珠被1层,顶端有珠孔;胚珠发育过程中,珠被发育成种皮。整个大孢子发育成无果实的种子。

裸子植物多为林业生产的用材树种及纤维、松脂、单宁等原料树种,也是园林绿化的优良树种。安阳市分布的野生裸子植物种类不多,共有4种1变种,分属3个科4个属(见表4-1)。

表4-1 安阳市野生园林绿化裸子植物

序号	科名	属名	种名	观赏价值
1	松科 *Pinaceae*	松属 *Pinus*	白皮松 *Pinus bungeana*	风景林木
2			油松 *Pinus tabuliformis*	风景林木、行道树

续表 4-1

序号	科名	属名	种名	观赏价值
3	柏科 *Cupressaceae*	侧柏属 *Platycladus*	侧柏 *Platycladus orientalis*	风景林木、绿篱
4		刺柏属 *Juniperus*	圆柏 *Juniperus chinensis*	风景林木、绿篱
5	红豆杉科 *Taxaceae*	红豆杉属 *Taxus*	南方红豆杉 *Taxus wallichiana* var. *mairei*	风景林木

第二节　安阳市主要野生园林绿化裸子植物简介

一、松科　*Pinaceae*

(一)松属　*Pinus*

1. 白皮松　*Pinus bungeana*

别名:虎皮松、白果松、三针松、白骨松、美人松

形态特征:常绿乔木,高可达 30 m。有明显的主干,树冠宽塔形至伞形;幼树树皮光滑,灰绿色,长大后树皮成不规则的薄片脱落,露出淡黄绿色的新皮,老则树皮呈褐灰色,裂成不规则的鳞状块片脱落,露出粉白色内皮,白褐相间成斑鳞状。一年生枝灰绿色,无毛;冬芽红褐色,卵圆形,无树脂。针叶 3 针一束,粗硬,叶背及腹面两侧均有气孔线,先端尖,树脂道 4～7,边生与中生,稀背面角处有 1～2 个中生;叶鞘脱落。花雌雄同株,雄球花多数,卵圆形或椭圆形,聚生于新枝基部成穗状。球果通常单生,初直立,后下垂,卵圆形,成熟前淡绿色,熟时淡黄褐色;种鳞先端厚,鳞盾宽,有横脊,鳞脐有刺;种子倒卵圆形,灰褐色,种翅短,易脱落。花期 4～5 月,球果次年 10 月成熟。

分布范围:为我国特有树种,产于山西、河南、陕西、甘肃、四川及湖

北等地。安阳太行山区有分布,生于海拔 600 m 以上地带。

观赏价值:白皮松四季常青,树姿优美,针叶亮丽,大树树皮斑驳别致,尤为奇特,极为美观,为优良的庭园树种。可以孤植、对植、丛植成林,也可作行道树,景观效果俱佳,安阳市园林绿化已广泛应用。

其他用途:可供建筑、家具、文具等用材,种子可食。

2. 油松 *Pinus tabuliformis* Carriere

别名:松树、巨果油松、东北黑松、短叶马尾松、红皮松、短叶松

形态特征:常绿乔木,高达 25 m;树皮深灰色或褐灰色,裂成不规则鳞状块片,裂缝及上部树皮红褐色;大树枝条平展或向下斜展,老树树冠平顶状;一年生小枝较粗,褐黄色,无毛;冬芽矩圆形,顶端尖,芽鳞红褐色。针叶 2 针一束,深绿色,粗硬,边缘有细锯齿,两面具气孔线;横切面半圆形,树脂道多个,边生;叶鞘宿存。花雌雄同株,雄球花圆柱形,在新枝下部聚生成穗状,雌球花单生靠近新枝顶部。球果卵形或圆卵形,成熟前绿色,熟时淡褐黄色,宿存;种鳞鳞盾肥厚,横脊显著,鳞脐凸起有刺;种子卵圆形,淡褐色有斑纹。花期 4~5 月,球果次年 10 月成熟。

分布范围:为我国特有树种,产于东北南部、华北、华中、西北、西南等地区。安阳太行山区有分布,生于海拔 600 m 以上地带。为喜光、深根性树种,喜干冷气候,在土层深厚、排水良好的酸性、中性或钙质黄土上均能生长良好。

观赏价值:油松四季常青,株型挺拔苍劲,姿态优美,是园林绿化的优良树种;园林应用中可孤植、丛植,也可做行道树。安阳市园林绿化已广泛应用。

其他用途:其松节、松叶、松球、松香、松花粉均可入药;其木材可作建筑、家具等用材;树干可割取松脂,提取松节油,树皮可提取栲胶。

二、柏科 *Cupressaceae*

(一)侧柏属 *Platycladus*

1. 侧柏 *Platycladus orientalis*

别名:柏树、香柯树、香树、扁桧、香柏、黄柏

形态特征:常绿乔木,高达 20 余米;树皮浅灰褐色,纵裂成条片;幼树树冠卵状尖塔形,老树树冠则为广圆形;小枝扁平,排成一平面,直展。叶鳞形,交互对生;小枝上下两面中央叶的露出部分呈倒卵状菱形或斜方形,两侧的叶船形,叶背均有腺槽。花雌雄同株,球花单生枝顶部;雄球花黄色,卵圆形;雌球花近球形,蓝绿色,被白粉。球果近卵圆形,蓝绿色,被白粉,成熟后木质,开裂,红褐色;种鳞倒卵形或椭圆形,鳞背近顶端有一反曲的尖头;种子卵圆形或近椭圆形,稍有棱脊,无翅或有极窄之翅。花期 3～4 月,球果当年 10 月成熟。

分布范围:产于全国大部分省区。安阳太行山区有分布,安阳市石灰岩山地、阳坡及平原多选用造林树种。

观赏价值:侧柏为园林绿化常见树种,常栽植于庭园、行道、寺庙、陵墓、墙垣等,小苗可做绿篱。为优良的园林绿化植物,安阳市园林中已广泛应用。

其他用途:其材质细密,纹理斜行,耐腐力强,坚实耐用,可供建筑、器具、家具、棺木及文具等用材;种子与生鳞叶的小枝入药;叶与果可制作祭祀用柏香。

2. **圆柏** *Juniperus chinensis*

别名:珍珠柏、红心柏、刺柏、桧、桧柏

形态特征:常绿乔木,高可达 20 m。树皮深灰色,纵裂成长条片;幼树常成尖塔形树冠,老则成广圆形的树冠;小枝近圆柱形或近四棱形。叶二型,刺叶和鳞叶;幼树上叶全为刺叶,3 个轮生,腹面有 2 条白粉带;老龄树上叶全为鳞叶,交互对生,排列紧密,壮龄树兼有刺叶与鳞叶。花雌雄异株,雄球花黄色,椭圆形。球果近圆球形,有白粉,熟时褐色,有 1～4 粒种子;种子卵圆形。花期 3～4 月,球果 9～10 月成熟。

分布范围:产于我国华北以南地区。喜光树种,喜温凉、温暖气候及湿润土壤。安阳市有分布,各地亦多栽培。

观赏价值:圆柏四季常青,树冠整齐,圆锥形,树形优美,干枝扭曲奇特,是我国传统的园林绿化树种。其寿命长,可植于庙宇、陵墓、大庭院或绿地,可孤植形成"独木成景",丛植或片植成柏林,行植呈行道树。幼树可作绿篱,"小老树"可作桩景、盆景等,在庭园中用途极为

广泛。

其他用途：其木材坚硬致密，耐腐力强。可作建筑、家具、棺木、文具及工艺品等用材；树根、树干及枝叶可提取柏木脑的原料及柏木油；枝叶入药；种子可提润滑油。为普遍栽培的庭园树种。

三、红豆杉科 *Taxaceae*

（一）红豆杉属 *Taxus*

1. 南方红豆杉 *Taxus wallichiana* var. *mairei*

别名：美丽红豆杉

形态特征：常绿乔木，高可达 20 m；树皮灰褐色或黑褐色，长片状脱落；大枝开展，一年生枝绿色，二、三年生枝黄褐色。叶螺旋状互生，排列成两列，条形，多呈弯镰状，上部常渐窄，先端渐尖，上面深绿色，有光泽，下面淡黄绿色，有两条气孔带。花雌雄异株，球花单生叶腋；种子生于杯状红色肉质的假种皮中，微扁，多呈倒卵圆形，上部常具二条棱脊，种脐近圆形。花期 4 月，10 月种子成熟。

分布范围：为中国特有树种，产于华中、华东、西南等地区；安阳林州石板岩山区有零星分布，生于海拔 1 000 m 左右山地。

观赏价值：红豆杉四季常绿，红果点缀，为优良的园林观赏树种，也可制作盆景，其茎、枝、叶、果均有很好的观赏效果。

其他用途：其木材可供建筑、家具、器具及文具等用材；红豆杉的根、茎、叶都可以入药。

第五章　安阳市园林绿化被子植物资源

第一节　概　述

被子植物主要特征为:具有典型的花,通常有花被;胚珠包于子房内,双受精后,形成各种类型的果实。为地球上最具优势的植物类群。

安阳市野生园林绿化被子植物资源有460种(含亚种和变种),分属76科208属,占安阳市野生园林绿化植物的78.3%,名录见表5-1。

表5-1　安阳市野生园林绿化被子植物名录

序号	科名	属名	种名	园林价值
1	杨柳科	杨属	毛白杨	行道树、景观树、庭荫树
2			山杨	景观树、庭荫树
3			小叶杨	景观树、庭荫树
4		柳属	旱柳	行道树、景观树、庭荫树
5			垂柳	行道树、景观树、庭荫树
6			腺柳	景观树、庭荫树
7			杞柳	景观树
8	胡桃科	胡桃属	胡桃	景观树、庭荫树
9			胡桃楸	景观树、庭荫树
10		枫杨属	枫杨	行道树、景观树、庭荫树
11	桦木科	桦木属	白桦	景观树
12			红桦	景观树
13		鹅耳枥属	千金榆	景观树
14			鹅耳枥	景观树

续表 5-1

序号	科名	属名	种名	园林价值
15	壳斗科	栗属	板栗	景观树、庭荫树
16		栎属	槲树	景观树、庭荫树
17			蒙古栎	景观树、庭荫树
18			栓皮栎	景观树、庭荫树
19			麻栎	景观树、庭荫树
20			房山栎	景观树
21			槲栎	景观树、庭荫树
22	榆科	榆属	白榆	行道树、景观树、庭荫树
23			春榆	行道树、景观树、庭荫树
24			大果榆	景观树
25			脱皮榆	景观树
26		刺榆属	刺榆	景观树
27		朴属	黑弹树	景观树、庭荫树
28			大叶朴	景观树
29		榉属	大果榉	景观树、庭荫树
30		青檀属	青檀	景观树、庭荫树
31	桑科	桑属	桑树	景观树、庭荫树
32			蒙桑	景观树、庭荫树
33			鸡桑	景观树
34		构属	构树	景观树
35		柘属	柘树	景观树
36	荨麻科	冷水花属	冷水花	观叶草本
37			透茎冷水花	观叶草本
38	马兜铃科	马兜铃属	北马兜铃	观叶草质藤本
39			木通马兜铃	观叶木质藤本
40	蓼科	蓼属	红蓼	观花草本
41		翼蓼属	翼蓼	观叶草质藤本
42		大黄属	波叶大黄	观叶观花草本
43		何首乌属	何首乌	观叶草质藤本
44	苋科	苋属	老鸦谷	观花草本
45			尾穗苋	观花草本
46	藜科	地肤属	扫帚苗	观叶草本

续表 5-1

序号	科名	属名	种名	园林价值
47	石竹科	石竹属	石竹	观花草本
48			瞿麦	观花草本
49		石头花属	长蕊石头花	观花草本
50		麦蓝菜属	麦蓝菜	观花草本
51		蝇子草属	蝇子草	观花草本
52		剪秋罗属	浅裂剪秋罗	观花草本
53	领春木科	领春木属	领春木	景观树种
54	毛茛科	乌头属	高乌头	观花草本
55			乌头	观花草本
56			牛扁	观花草本
57		银莲花属	大火草	观花草本
58			毛蕊银莲花	观花草本
59		楼斗菜属	华北楼斗菜	观花草本
60			紫花楼斗菜	观花草本
61		铁线莲属	粗齿铁线莲	观叶观花木质藤本
62			短尾铁线莲	观叶观花木质藤本
63			钝萼铁线莲	观叶观花木质藤本
64			棉团铁线莲	观花草本
65			大叶铁线莲	观花观叶灌木
66		翠雀属	还亮草	观花草本
67			翠雀	观花草本
68		金莲花属	金莲花	观花草本
69		唐松草属	东亚唐松草	观花观叶草本
70			河南唐松草	观花观叶草本
71	木通科	木通属	三叶木通	观花观叶木质藤本
72	小檗科	淫羊藿属	淫羊藿	观花观叶草本植物
73		小檗属	黄芦木	观叶观果灌木
74			首阳小檗	观叶观果灌木
75	防己科	蝙蝠葛属	蝙蝠葛	观叶灌木
76	木兰科	五味子属	五味子	观叶观果木质藤本
77			华中五味子	观叶观果木质藤本

续表 5-1

序号	科名	属名	种名	园林价值
78	罂粟科	秃疮花属	秃疮花	观花草本
79		紫堇属	紫堇	观花观叶草本
80			小花黄堇	观花草本
81			房山紫堇	观花草本
82	十字花科	碎米荠属	大叶碎米荠	观花观叶草本
83		诸葛菜属	诸葛菜	观花观叶草本
84		糖芥属	糖芥	观花观叶草本
85	景天科	瓦松属	晚红瓦松	观花观叶肉质草本
86			瓦松	观花观叶肉质草本
87		景天属	费菜	观花观叶肉质草本
88			垂盆草	观花观叶肉质草本
89			堪察加费菜	观花观叶肉质草本
90			火焰草	观花观叶肉质草本
91	虎耳草科	落新妇属	落新妇	观花草本
92		山梅花属	山梅花	观花木本
93			太平花	观花木本
94		溲疏属	小花溲疏	观花木本
95			大花溲疏	观花木本
96		独根草属	独根草	观花观叶草本
97		虎耳草属	虎耳草	观花观叶草本
98		梅花草属	细叉梅花草	观花草本
99			突隔梅花草	观花观叶草本
100	蔷薇科	桃属	山桃	观花木本
101			榆叶梅	观花木本
102		杏属	山杏	观花木本
103			杏	观花木本
104		樱属	山樱花	观花木本
105			欧李	观花木本
106		栒子属	灰栒子	观花观果木本
107			西北栒子	观花观果木本
108			水栒子	观花观果木本

续表 5-1

序号	科名	属名	种名	园林价值
109	蔷薇科	山楂属	山楂	观花观果木本
110			毛山楂	观花观果木本
111		蛇莓属	蛇莓	观花观果草本
112		白鹃梅属	红柄白鹃梅	观花观果木本
113		苹果属	河南海棠	观花观果木本
114			湖北海棠	观花观果木本
115			山荆子	观花观果木本
116		委陵菜属	委陵菜	观花观果草本
117			莓叶委陵菜	观花观果草本
118		李属	杜梨	观花观果木本
119			豆梨	观花观果木本
120		蔷薇属	钝叶蔷薇	观花观果木本
121			黄刺玫	观花观果木本
122			野蔷薇	观花观果木本
123		地榆属	地榆	观花观果草本
124		花楸属	北京花楸	观花观果木本
125		绣线菊属	三裂绣线菊	观花灌木
136			华北绣线菊	观花灌木
127			柔毛绣线菊	观花灌木
128			中华绣线菊	观花灌木
129			绣球绣线菊	观花灌木
130		太行花属	太行花	观花草本
131	豆科	合欢属	山合欢	观花乔木
132		杭子梢属	杭子梢	观花灌木
133		锦鸡儿属	红花锦鸡儿	观花灌木
134			锦鸡儿	观花灌木
135		皂荚属	皂荚	观果观叶乔木
136		木蓝属	河北木蓝	观花灌木
137			多花木蓝	观花灌木
138		胡枝子属	胡枝子	观花灌木
139			美丽胡枝子	观花灌木
140			短梗胡枝子	观花灌木

续表 5-1

序号	科名	属名	种名	园林价值
141	豆科	胡枝子属	绿叶胡枝子	观花灌木
142			多花胡枝子	观花灌木
143		棘豆属	地角儿苗	观花草本
144		槐属	槐	景观树、庭荫树、行道树
145			白刺花	观花灌木
146			苦参	观花草本
147		野豌豆属	大花野豌豆	观花草本
148			山野豌豆	观花草本
149		黄耆属	斜茎黄耆	观花草本
150			达乌里黄耆	观花草本
151	苦木科	臭椿属	臭椿	景观树、行道树
152	楝科	香椿属	香椿	景观树、行道树
153	大戟科	叶底珠属	一叶萩	景观灌木
154		雀儿舌头属	雀儿舌头	景观灌木
155		大戟属	泽漆	观叶草本
156			大戟	观叶草本
157	漆树科	黄栌属	柔毛黄栌	景观树
158			红叶	景观树
159		黄连木属	黄连木	景观树、行道树
160		盐肤木属	盐肤木	景观树
161			青麸杨	景观树
162	卫矛科	南蛇藤属	南蛇藤	观叶观果木质藤本
163			苦皮藤	观叶观果木质藤本
164		卫矛属	卫矛	观枝观果灌木
165			扶芳藤	观叶观果木质藤本
166			栓翅卫矛	观叶观果乔木
167			黄心卫矛	观叶观果乔木
168			石枣子	观叶观果乔木
169			白杜	景观树、行道树
170	省沽油科	省沽油属	省沽油	观果灌木
171			膀胱果	景观树

续表 5-1

序号	科名	属名	种名	园林价值
172	槭树科	槭属	元宝槭	景观树、行道树
173			青榨槭	景观树
174			葛罗枫	景观树
175			建始槭	景观树
176	无患子科	栾属	栾树	景观树、行道树
177	凤仙花科	凤仙花属	水金凤	观花草本
178			卢氏凤仙花	观花草本
179	鼠李科	勾儿茶属	勾儿茶	景观藤本
180		枳椇属	枳椇	景观树
181		鼠李属	鼠李	景观灌木
182			卵叶鼠李	景观灌木
183			圆叶鼠李	景观灌木
184			锐齿鼠李	景观灌木
185	葡萄科	蛇葡萄属	蓝果蛇葡萄	垂直绿化木质藤本
186			葎叶蛇葡萄	垂直绿化木质藤本
187		葡萄属	桑叶葡萄	垂直绿化木质藤本
188			山葡萄	垂直绿化木质藤本
189			变叶葡萄	垂直绿化木质藤本
190	椴树科	扁担杆属	扁担杆	景观灌木
191			小花扁担杆	景观灌木
192		椴树属	蒙椴	景观树
193			少脉椴	景观树
194			红皮椴	景观树
195	猕猴桃科	猕猴桃属	软枣猕猴桃	垂直绿化木质藤本
196			狗枣猕猴桃	垂直绿化木质藤本
197	柽柳科	柽柳属	甘蒙柽柳	景观树
198			柽柳	景观树
199	堇菜科	堇菜属	紫花地丁	早春观花地被草本
200			早开堇菜	早春观花地被草本
201			裂叶堇菜	早春观花地被草本

续表 5-1

序号	科名	属名	种名	园林价值
202	秋海棠科	秋海棠属	秋海棠	观花肉质草本
203			中华秋海棠	观花肉质草本
204	胡颓子科	胡颓子属	牛奶子	观叶景观树
205		沙棘属	中国沙棘	观叶观果景观树
206	千屈菜科	千屈菜属	千屈菜	观花草本
207	柳叶菜科	柳叶菜属	柳叶菜	观花草本
208	山茱萸科	四照花属	四照花	景观树
209		山茱萸属	毛梾	景观树
300			红瑞木	景观树
301			沙梾	景观树
302	八角枫科	八角枫属	八角枫	景观树
303			瓜木	景观树
304	杜鹃花科	杜鹃花属	照山白	景观树
305	川续断科	蓝盆花属	华北蓝盆花	观花草本
306	报春花科	报春花属	岩生报春	观花草本
307			散布报春	观花草本
308		珍珠菜属	虎尾草	观花草本
309			狭叶珍珠菜	观花草本
310	柿树科	柿属	君迁子	景观树
311	安息香科	安息香属	玉铃花	景观树
312	木樨科	流苏树属	流苏树	景观树
313		连翘属	连翘	观花灌木
314		梣属	白蜡树	景观树
315			小叶梣	景观树
316		丁香属	北京丁香	景观树
317			暴马丁香	景观树
318			巧玲花	观花灌木
319	龙胆科	龙胆属	红花龙胆	观花草本
320		莕菜属	莕菜	观花水生草本
321		扁蕾属	扁蕾	观花草本

续表 5-1

序号	科名	属名	种名	园林价值
322	夹竹桃科	络石属	络石	常绿木质藤本
323	萝藦科	萝藦属	萝藦	草质藤本
324		杠柳属	杠柳	木质藤本
325	旋花科	打碗花属	打碗花	草质观花藤本
326			藤长苗	草质观花藤本
327		牵牛属	圆叶牵牛	草质观花藤本
328			牵牛	草质观花藤本
329	马鞭草科	紫珠属	华紫珠	观果灌木
330		莸属	莸	观花灌木
331			光果莸	观花灌木
332			三花莸	观花灌木
333		大青属	臭牡丹	观花灌木
334			海州常山	观花灌木
335		牡荆属	黄荆	观花灌木
336			牡荆	观花灌木
337			荆条	观花灌木
338	唇形科	藿香属	藿香	观花草本
339		筋骨草属	筋骨草	观花草本
340			紫背金盘	观花草本
341		青兰属	香青兰	观花草本
342			毛建草	观花草本
343		香薷属	野香草	观花草本
344			华北香薷	观花木本
345			香薷	观花草本
346		黄芩属	黄芩	观花草本
347			并头黄芩	观花草本
348		百里香属	百里香	观花草本
349		鼠尾草属	丹参	观花草本
350	茄科	酸浆属	酸浆	观花草本
351			挂金灯	观花草本
352		枸杞属	枸杞	观花木本

续表 5-1

序号	科名	属名	种名	园林价值
353	玄参科	山罗花属	山罗花	观花草本
354		泡桐属	楸叶泡桐	景观树、庭荫树
355			兰考泡桐	景观树、庭荫树
356			毛泡桐	景观树、庭荫树
357		松蒿属	松蒿	观花草本
358		婆婆纳属	水蔓菁	观花草本
359		马先蒿属	埃氏马先蒿	观花草本
360			山西马先蒿	观花草本
361			红纹马先蒿	观花草本
362			河南马先蒿	观花草本
363			返顾马先蒿	观花草本
364		地黄属	地黄	观花草本
365	紫薇科	梓属	梓	景观树、庭荫树、行道树
366			楸	景观树、庭荫树、行道树
367			灰楸	景观树、庭荫树、行道树
368		角蒿属	角蒿	观花草本
369	苦苣苔科	珊瑚苣苔属	珊瑚苣苔	观花草本
370		旋蒴苣苔属	旋蒴苣苔	观花草本
371	茜草科	野丁香属	薄皮木	观花木本
372		鸡矢藤属	鸡矢藤	观花木质藤本
373	忍冬科	忍冬属	北京忍冬	观花灌木
374			金花忍冬	观花灌木
375			郁香忍冬	观花灌木
376			苦糖果	观花灌木
377		接骨木属	接骨木	观花灌木
378		荚蒾属	陕西荚蒾	观花灌木
379			蒙古荚蒾	观花灌木
380			桦叶荚蒾	观花灌木
381		六道木属	六道木	观叶观枝灌木
382			南方六道木	观叶观枝灌木

续表 5-1

序号	科名	属名	种名	园林价值
383	败酱科	败酱属	败酱	观花草本
384			糙叶败酱	观花草本
385			墓头回	观花草本
386	桔梗科	沙参属	荠苨	观花草本
387			多歧沙参	观花草本
388			杏叶沙参	观花草本
389			心叶沙参	观花草本
390		桔梗属	桔梗	观花草本
391	菊科	东风菜属	东风菜	观花草本
392		蓝刺头属	华东蓝刺头	观花草本
393		泽兰属	佩兰	观花草本
394		猫儿菊属	猫儿菊	观花草本
395		旋覆花属	旋覆花	观花草本
396			欧亚旋覆花	观花草本
397		马兰属	马兰	观花草本
398			山马	观花草本
399			全叶马兰	观花草本
400		橐吾属	狭苞橐吾	观花草本
401			齿叶橐吾	观花草本
402		风毛菊属	紫苞风毛菊	观花草本
403		兔儿伞属	兔儿伞	观花草本
404		漏芦属	漏芦	观花草本
405		菊属	甘菊	观花草本
406			甘野菊	观花草本
407			野菊	观花草本
408			银背菊	观花草本
409		太行菊属	太行菊	观花草本
410		苦苣菜属	长裂苦苣菜	观花草本
411		狗舌草属	狗舌草	观花草本
412		莴苣属	翅果菊	观花草本
413		狗娃花属	狗娃花	观花草本

续表 5-1

序号	科名	属名	种名	园林价值
414	香蒲科	香蒲属	香蒲	观花观叶水生草本
415			小香蒲	观花观叶水生草本
416			无苞香蒲	观花观叶水生草本
417	黑三棱科	黑三棱属	黑三棱	观花观叶水生草本
418	泽泻科	慈姑属	野慈姑	观花观叶水生草本
419	禾本科	狗牙根属	狗牙根	草坪、地被草本
420		芒属	芒	观花观叶草本
421		荻属	荻	观花观叶草本
422		狼尾草属	狼尾草	观花观叶草本
423		芦苇属	芦苇	观花观叶草本
424	莎草科	薹草属	宽叶薹草	观叶草本
425			青绿薹草	观叶草本
426		藨草属	水葱	观茎水生草本
427	天南星科	菖蒲属	菖蒲	观叶草本
428		天南星属	一把伞南星	观花观叶草本
429		半夏属	虎掌	观花观叶草本
430		独角莲属	独角莲	观花观叶草本
431	百合科	葱属	茖葱	观花观叶草本
432			长梗韭	观花观叶草本
433		大百合属	大百合	观花观叶草本
434		萱草属	北萱草	观花观叶草本
435			黄花菜	观花观叶草本
436		百合属	卷丹	观花草本
437			山丹	观花草本
438			渥丹	观花草本
439		山麦冬属	禾叶山麦冬	观花观叶草本
440			山麦冬	观花观叶草本
441		沿阶草属	沿阶草	观花观叶草本
442			麦冬	观花观叶草本
443		重楼属	北重楼	观叶草本

续表 5-1

序号	科名	属名	种名	园林价值
444	百合科	黄精属	玉竹	观叶草本
445			黄精	观叶草本
446			二苞黄精	观叶草本
447			轮叶黄精	观叶草本
448		菝葜属	短梗菝葜	观赏木质藤本
449			华东菝葜	观赏木质藤本
450		藜芦属	藜芦	观叶草本
451		天门冬属	天门冬	观叶草本
452			曲枝天门冬	观叶草本
453	薯蓣科	薯蓣属	薯蓣科	观赏草质藤本
454			穿龙薯蓣	观赏草质藤本
455	鸢尾科	射干属	射干	观花观叶草本
456		鸢尾属	野鸢尾	观花观叶草本
457			马蔺	观花观叶草本
458			矮紫苞鸢尾	观花观叶草本
459	兰科	绶草属	绶草	观花草本
460		兰属	二叶兜被兰	观花草本

第二节　安阳市主要野生园林绿化双子叶植物简介

一、杨柳科　*Salicaceae*

（一）杨属　*Populus*

1. 毛白杨　*Populus tomentosa*

别名：大叶杨、响杨、白亮杨

形态特征：落叶高大乔木,高可达 30 m,树干端直。树皮幼时暗灰色,光滑,壮时灰绿色,渐变为灰白色,老时基部深灰色,纵裂,粗糙,具散生或连生的菱形皮孔。芽卵形,微被毡毛。枝分长短枝,长枝上的叶革质,三角状卵形,先端短渐尖,基部心形或截形,边缘深齿牙缘或波状齿牙缘,上面暗绿色,光滑,下面密生灰色茸毛,叶柄侧扁,顶端通常有腺点;短枝上的叶通常较小,卵形或三角状卵形,上面暗绿色有金属光泽,下面光滑,叶缘具深波状齿牙,叶柄侧扁,顶端无腺点。花单性,雌雄异株,柔荑花序下垂。蒴果圆锥形或长卵形,种子多数,基部有多数丝状长毛。花期3月,果期4~5月。

分布范围:以黄河流域中下游为中心分布区,喜生于海拔1 500 m以下的温和平原地区。安阳各地习见栽培。

观赏价值:毛白杨树姿雄壮,冠形优美,生长快,寿命长,为优良庭园绿化或行道树。安阳市已广泛应用于行道树、庭院、公园绿化中。

其他用途:为我国良好的速生树种之一,其材质优良,寿命长,较耐干旱和盐碱,为安阳市速生用材和通道绿化造林树种;其木材可做建筑、家具、合成板及火柴杆、造纸等用材;树皮可提制栲胶。

(二)柳属

1. 垂柳　*Salix babylonica*

别名:水柳、垂丝柳、清明柳

形态特征:落叶乔木,高可达18 m,树冠开展而疏散。树皮灰黑色,不规则开裂;枝细,下垂,淡褐黄色、淡褐色或带紫色,无毛。芽线形,先端急尖。叶狭披针形或线状披针形,先端长渐尖,基部楔形,两面无毛或微有毛,上面绿色,下面色较淡,锯齿缘;叶柄有短柔毛;托叶仅生在萌发枝上,斜披针形或卵圆形,边缘有齿牙。花单性,雌雄异株,柔荑花序直立。花序先叶开放,或与叶同时开放;雄花序有短梗,轴有毛;雄蕊2;苞片披针形,外面有毛;腺体2;雌花序有梗,基部有3~4小叶,轴有毛;苞片披针形,外面有毛。蒴果,2裂,带绿黄褐色。种子极小,暗褐色,具绵毛。花期3~4月,果期4~5月。

分布范围:产于长江流域与黄河流域,其他各地均有栽培,安阳市广为分布,为道旁、水边等绿化树种。耐水湿,也能生于干旱处。

观赏价值:垂柳枝条细长,柔软飘逸,生长迅速,为优良的园林绿化树种。最宜配植在水岸边、湿地等水系沿岸处。也可作行道树、庭荫

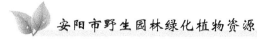

树、廊道树。亦适用于工厂绿化,还是固堤护岸的重要树种。

其他用途:其木材可供制家具;枝条可编筐;树皮含鞣质,可提制栲胶;叶可作羊饲料;幼花序可作野菜食用。

2.旱柳 *Salix matsudana*

别名:柳树

形态特征:落叶乔木。树冠广圆形;树皮暗灰黑色,有裂沟;枝细长、直立或斜展,浅褐黄色或带绿色,后变褐色,无毛,幼枝有毛。芽微有短柔毛。叶披针形,先端长渐尖,基部窄圆形或楔形,上面绿色,无毛,有光泽,下面苍白色或带白色,有细腺锯齿缘,幼叶有丝状柔毛;叶柄短在上面有长柔毛;托叶披针形或缺,边缘有细腺锯齿。花单性,雌雄异株,葇荑花序直立。花序与叶同时开放;雄花序圆柱形,轴有长毛;雄蕊2;腺体2;雌花序较雄花有3~5小叶生于短花序梗上。苞片同雄花;腺体2,背生和腹生。蒴果,2裂,种子极小,暗褐色,具绵毛。花期4月,果期4~5月。

分布范围:产于东北、华北、西北淮河流域以及华东地区,为平原地区常见树种。耐干旱、水湿、寒冷。安阳市广为分布。

观赏价值:旱柳枝条柔软,树冠丰满,是中国北方常用的庭荫树、行道树。常栽培在河湖岸边或孤植于草坪。

其他用途:其木材白色,质轻软,可供建筑器具、造纸、人造棉、火药等用;细枝可编筐;可作固沙保土"四旁"绿化树种。

二、胡桃科 *Juglandaceae*

(一)枫杨属 *Pterocarya*

1.枫杨 *Pterocarya stenoptera*

别名:麻柳、娱蛤柳

形态特征:落叶大乔木,高可达30 m;幼树树皮平滑,浅灰色,老时则深纵裂;小枝灰色至暗褐色,具灰黄色皮孔;芽具柄,密被锈褐色盾状着生的腺体。叶多为偶数或稀奇数羽状复叶,具叶柄,叶轴具翅;小叶无小叶柄,对生或稀近对生,长椭圆形至长椭圆状披针形,顶端常钝圆或稀急尖,基部歪斜,边缘有向内弯的细锯齿。花单性,雌雄同株,葇黄花序下垂。雄性菜荑花序,单独生于去年生枝条上叶痕腋内。雌性菜荑花序顶生,花序轴密被星芒状毛及单毛。果序下垂,果序轴常被有宿存的毛。果实为坚果,长椭圆形,具 2 翅,具近于平行的脉。花期 4~5 月,果熟期 8~9 月。

分布范围:产于我国华中、华东、华南、西南等地区,生于河滩、阴湿山坡地的林中。安阳太行山区有分布。

观赏价值:枫杨株型高大,树冠开阔,枝繁叶茂,绿荫浓密,叶色碧绿亮丽,果形独特,形态优美典雅。其树姿、树冠、枝叶和果实等都极具观赏特性。在园林绿化应用中,枫杨可孤植、丛植、群植于绿地上;也可作行道树栽植;又可栽植于公园、湿地中的水边、池畔等地,形成园林景观。安阳市在园林绿化中已广泛应用。

其他用途:其树皮和枝皮含鞣质,可提取栲胶,亦可作纤维原料;果实可作饲料和酿酒,种子还可榨油。

(二) 胡桃属

1. 胡桃楸 *Juglans mandshurica*

别名:山核桃、核桃楸、野核桃、华东野核桃

形态特征:落叶乔木,高可达 25 m;枝条扩展,树冠扁圆形;树皮灰色,具浅纵裂;枝具片状髓心;幼枝被有短茸毛。奇数羽状复叶,叶柄及叶轴被有短柔毛或星芒状毛;小叶椭圆形至长椭圆形或卵状椭圆形至长椭圆状披针形,边缘具细锯齿,上面初被有稀疏短柔毛,后来除中脉外其余无毛,深绿色,下面色淡,被贴伏的短柔毛及星芒状毛;侧生小叶对生,无柄,先端渐尖,基部歪斜,截形至近于心脏形;顶生小叶基部楔形。花雌雄同株,雄性菜荑花序下垂,花序轴被短柔毛。雌性穗状花序具 4~10 雌花,花序轴被有茸毛。果序俯垂,通常具 5~7 果实,果序轴被短柔毛。果实球状、卵状或椭圆状,顶端尖,密被腺质短柔毛;果核表面具 8 条纵棱,其中两条较显著,各棱间具不规则皱曲及凹穴,顶端具尖头。花期 5 月,果期 8~9 月。

分布范围:产于东北、北京、河北、山西等地区,多生于土质肥厚、湿润、排水良好的沟谷两旁或山坡的阔叶林中。安阳太行山区有分布。

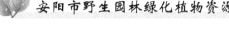

观赏价值:胡桃楸枝干粗壮,树姿雄伟阳刚,叶宽大而舒展,果缀枝头青绿可人,具有很好的观赏效果,园林应用中单植或丛植均可。

其他用途:其种仁可食和榨油;木材可作枪托、车轮、建筑等重要材料;树皮、叶及外果皮含鞣质,可提取栲胶;树皮纤维可作造纸等原料;枝、叶、皮可作农药。

三、桦木科 *Betulaceae*

(一)桦木属

1.白桦 *Betula platyphylla*

别名:粉桦、桦皮树

形态特征:落叶乔木,高可达 25 m;树皮灰白色,平滑,纸层状剥裂;枝条暗灰色或暗褐色,无毛;小枝暗灰色或褐色,无毛亦无树脂腺体。叶厚纸质,菱状三角状或卵状三角状,顶端锐尖或渐尖,基部截形或楔形,边缘具不整齐重锯齿,下面无毛,密生腺点;叶柄细瘦,无毛。花雌雄同株,雄花序为下垂荑黄花序,成对顶生。果序单生,圆柱形或矩圆状圆柱形,下垂;序梗细瘦,密被短柔毛。小坚果狭矩圆形、矩圆形或卵形,背面疏被短柔毛,具膜质翅。

分布范围:产于东北、华北、西北、西南、华中等地区。安阳市有分布,生于林州海拔 1 000 m 以上山地。

观赏价值:白桦枝叶扶疏,树干修直,洁白雅致,姿态优美,十分别致,是优良的观赏树种。园林应用中可孤植、丛植于庭园、公园的草坪、池畔、湖滨,也可列植于道旁,均颇美观,还可在山地或丘陵坡地成片栽植,可组成美丽的风景林。

其他用途:白桦树汁可做保健饮料,其木材可供建筑、器具用材;树皮可提桦油,白桦皮在民间常用以编制日用器具,其树皮可入药。

(二)鹅耳枥属

1.千金榆 *Carpinus cordata*

别名:千金鹅耳枥、半拉子

形态特征:落叶乔木,高 15 m 左右;树皮灰色;小枝棕色或橘黄色,具沟槽,初时疏被长柔毛,后变无毛。叶厚纸质,卵形或矩圆状卵形,较少倒卵形,顶端渐尖,具刺尖,基部斜心形,边缘具不规则的刺毛状重锯齿,上面疏被长柔毛或无毛,下面沿脉疏被短柔毛;叶柄较短。果序下垂;果苞宽卵状矩圆形,无毛,排列紧密,外缘内折。外侧的基部无裂片,内缘基部具一矩圆形内折的裂片,全部遮盖着小坚果,中裂片外侧内折。小坚果矩圆形,具不明显的细肋。

分布范围:产于东北、华北、河南、陕西、甘肃等地。安阳太行山区有分布,生于海拔 1 000 m 左右的较湿润、肥沃的阴山坡或山谷杂木林中。

观赏价值:千金榆叶色翠绿,树姿美观,果序奇特,观赏价值高,可用于公园、绿地、小区绿化,适合孤植于草地、路边或三五株点缀栽培观赏。也可制作盆景观赏。

其他用途:其木材是良好的菌材,可培养黑木耳等食用菌;木材可作家具、农具、车辆、机械等用材。果实和花入药。

2. 鹅耳枥 *Carpinus turczaninowii*

别名:千金榆

形态特征:落叶乔木;树皮暗灰褐色,粗糙,浅纵裂;枝细瘦,灰棕色,无毛;小枝被短柔毛。叶卵形、宽卵形、卵状椭圆形或卵菱形,有时卵状披针形,顶端锐尖或渐尖,基部近圆形或宽楔形,有时微心形或楔形,边缘具规则或不规则的重锯齿,上面无毛或沿中脉疏生长柔毛,下面沿脉通常疏被长柔毛,脉腋间具髯毛,侧脉 8 ~ 12 对;叶柄疏被短柔毛。果序梗、序轴均被短柔毛;果苞变异较大,半宽卵形、半卵形、半矩圆形至卵形,疏被短柔毛,内侧的基部具一个内折的卵形小裂片,外侧的基部无裂片,中裂片内侧边缘全缘或疏生不明显的小齿,外侧边缘具不规则的缺刻状粗锯齿或具 2 ~ 3 个齿裂。小坚果宽卵形,无毛。花期 4 月,果熟期 9 ~ 10 月。

分布范围:产于辽宁、山西、北京、河北、河南、山东、陕西、甘肃等地。安阳太行山区有分布,生于海拔 1 000 m 左右山坡或山谷杂木林中。

观赏价值:鹅耳枥枝叶茂密,叶形秀丽,颇美观,为优良的庭园观赏种植。

其他用途:其木材特坚韧,可制农具、家具、日用小器具等;树皮和叶含鞣质,可提制栲胶;种子含油,可供食用或工业用。

四、壳斗科 *Fagaceae*

(一)栎属

1.栓皮栎 *Quercus variabilis*

别名:软木栎、粗皮青冈

形态特征:落叶乔木,高达 30 m,树皮黑褐色,深纵裂,木栓层发达。小枝灰棕色,无毛;芽圆锥形,芽鳞褐色,具缘毛。单叶互生,叶片卵状披针形或长椭圆形,顶端渐尖,基部圆形或宽楔形,叶缘具刺芒状锯齿,叶背密被灰白色星状茸毛,侧脉明显,直达齿端;叶柄无毛。花单性,花雌雄同株,雄花序为葇荑花序,纤细下垂,花序轴密被褐色茸毛;雌花序生于新枝上端叶腋。坚果具 1 种子,位于多数木质鳞片组成的总苞中,总苞壳斗杯形,包着坚果 2/3;小苞片钻形,反曲,被短毛。坚果近球形或宽卵形,顶端圆,果脐突起。花期 3~4 月,果期翌年 9~10 月。

分布范围:产于我国辽宁以南广大地区。安阳林州太行山区有分布,通常生于海拔 1 000 m 以下的山地阳坡。

观赏价值:栓皮栎根系发达,适应性强,叶色季相变化明显,果实奇特,别致美观,是良好的绿化观赏树种,也是营造防风林、水源涵养林及防护林的优良树种。

其他用途:其木材可供建筑、车船、矿柱、枕木、坑木、家具等用材;树枝干可培养香菇和木耳等食用菌;树皮木栓层发达,是生产软木的主要原料;栎实含淀粉,可酿酒和做饲料;壳斗、树皮富含单宁,可提取栲胶。

2.槲栎 *Quercus aliena*

别名:细皮青冈

形态特征:落叶乔木,高达 30 m;树皮暗灰色,深纵裂。小枝灰褐色,近无毛,具圆形淡褐色皮孔;芽卵形,芽鳞具缘毛。叶片长椭圆状倒卵形至倒卵形,顶端微钝或短渐尖,基部楔形或圆形,叶缘具波状钝齿,叶背被灰棕色细茸毛;叶柄无毛。花单性,花雌雄同株,雄花单生或数朵簇生于花序轴,花被 6 裂;雌花序生于新枝叶腋,单生或 2 ~ 3 朵簇生。坚果具 1 种子,位于多数木质鳞片组成的总苞中,壳斗杯形,包着坚果约1/2,小苞片卵状披针形,在口缘处伸直。坚果椭圆形至卵形,果脐微突起。花期 4 ~ 5 月,果期 9 ~ 10 月。

分布范围:产于华东、华中、华南、西南等地区,生于海拔 100 ~ 2 000 m 的向阳山坡,常与其他树种组成混交林或成小片纯林。安阳林州太行山区有分布。

观赏价值:槲栎叶片大且肥厚,叶形别致,美观大方,叶色油亮翠绿,枝繁叶茂,为优良的园林绿化树种。

其他用途:木材坚硬耐腐,可供建筑、家具及薪炭等用材;种子富含淀粉,可酿酒和制作凉皮、粉条、豆腐及酱油等。

3. 槲树 *Quercus dentata*

别名:柞栎、波罗栎、波罗叶

形态特征:落叶乔木,高达 25 m,树皮暗灰褐色,深纵裂。小枝粗壮,有沟槽,密被灰黄色星状茸毛。芽宽卵形,密被黄褐色茸毛。叶片倒卵形或长倒卵形,顶端短钝尖,叶面深绿色,基部耳形,叶缘波状裂片或粗锯齿,幼时被毛,后渐脱落,叶背面密被灰褐色星状茸毛;托叶线状披针形;叶柄长短,密被棕色茸毛。花单性,花雌雄同株,雄花序生于新枝叶腋,花序轴密被淡褐色茸毛,花数朵簇生于花序轴上;雌花序生于新枝上部叶腋。坚果具 1 种子,位于多数木质鳞片组成的总苞中,壳斗杯形,包着坚果 1/2 ~ 1/3;小苞片革质,窄披针形,反曲或直立,红棕色。坚果卵形至宽卵形,无毛,有宿存花柱。花期 4 ~ 5 月,果期 9 ~ 10 月。

分布范围:产于东北、华北、西北、华中、华东、西南等地区。安阳林州太行山区有分布。

观赏价值:槲树树干挺拔坚实,叶片宽大,树冠广展,寿命较长,叶片入秋呈橙黄色且经久不落,可孤植、片植或与其他树种混植,季相色彩极其丰富,为优良园林绿化树种。

其他用途:木材材质坚硬,可供坑木、地板等用材;叶含蛋白质,可饲柞蚕;种子含淀粉,可酿酒或作饲料;树皮、种子入药作收敛剂;树皮、壳斗可提取烤胶。

4. 蒙古栎 *Quercus mongolica*

别名:蒙栎、柞栎、柞树

形态特征:落叶乔木,高达 30 m,树皮灰褐色,纵裂。幼枝紫褐色,有棱,无毛。顶芽长卵形,微有棱,芽鳞紫褐色,有缘毛。叶片倒卵形至长倒卵形,顶端短钝尖或短突尖,基部窄圆形或耳形,叶缘具钝齿或粗齿;叶柄极短。花单性,花雌雄同株,雄花序常数个集生于当年生枝下部叶腋,雌花序生于新枝上端叶腋,有花 4~5 朵,通常只 1~2 朵发育,花被 6 裂。坚果具 1 种子,位于多数木质鳞片组成的总苞中,壳斗杯形,包着坚果 1/3~1/2,壳斗外壁小苞片三角状卵形,呈半球形瘤状突起,密被灰白色短茸毛,伸出口部边缘呈流苏状。坚果卵形至长卵形,无毛,果脐微突起。花期 4~5 月,果期 9 月。

分布范围:产于东北、河北、北京、山东等省区。安阳林州太行山区有分布,生于海拔 800~1 500 m 的阳坡、半阳坡山地。

观赏价值:蒙古栎坚实挺直,叶片奇特别致,树冠开展,枝叶浓密,是优良的园林绿化树种。园林应用中可植作园景树或行道树,树形好者可为孤植树做观赏用。

其他用途:木材可供车船、建筑、坑木等用材;叶含蛋白质,可饲柞蚕;种子含淀粉,可酿酒或作饲料;树皮入药。

五、榆科 *Ulmaceae*

(一)榆属

1. 大果榆 *Ulmus macrocarpa*

别名:山榆、黄榆、扁榆、翅枝黄榆、倒卵果黄榆、蒙古黄榆、矮形黄榆

形态特征:落叶乔木或灌木;树皮暗灰色或灰黑色,纵裂,粗糙;萌发枝及幼树的小枝两侧具对生而扁平的木栓翅。单叶叶互生,两列,叶宽倒卵形、倒卵状圆形,厚革质,大小变异很大,先端短尾状,稀骤凸,基

部渐窄至圆,偏斜或近对称,多少心脏形或一边楔形,两面粗糙,叶面密生硬毛,叶背常有疏毛,边缘具大而浅钝的重锯齿,具叶柄。花小,花两性,生于去年生枝上,排成簇状聚伞花序,或散生于新枝的基部。翅果宽倒卵状圆形或近圆形,顶端凹或圆,缺口内缘柱头面被毛,两面及边缘有毛,果核部分位于翅果中部。花果期 3～5 月。

分布范围:分布于东北、华北、西北、华中、华东等地区。安阳太行山区有分布,生于林州、殷都、龙安的太行山区,阳性树种,耐干旱。

观赏价值:大果榆枝叶稠密,枝条生翅,拱形下垂,观赏效果好,耐旱,适应性强,是优良的园林观赏树种。

其他用途:优良的用材树种,木材坚硬致密,不易开裂,纹理美观,可供车辆、农具、家具、器具等地用材;翅果含油量高,是医药和轻工业的重要原料。

2. 榆树 *Ulmus pumila*

别名:榆、白榆、家榆、钱榆

形态特征:落叶乔木,高达 25 m,在干瘠之地常成灌木状。幼树树皮平滑,灰褐色,大树树皮暗灰色,不规则深纵裂,粗糙。小枝无毛或有毛,淡黄灰色、淡褐灰色或灰色,有散生皮孔;冬芽近球形或卵圆形,芽鳞背面无毛,内层芽鳞的边缘具白色长柔毛。单叶互生,叶椭圆状卵形、长卵形、椭圆状披针形或卵状披针形,先端渐尖或长渐尖,基部偏斜或近对称,一侧楔形至圆,另一侧圆至半心脏形,叶面平滑无毛,叶背幼时有短柔毛,后变无毛或部分脉腋有簇生毛,边缘具重锯齿或单锯齿,羽状脉,具短叶柄。花先叶开放,在去年生枝的叶腋成簇生状。翅果近圆形,光滑,顶端有缺口,种子位于翅果的中部,宿存花被无毛。花果期 3～6 月。

分布范围:分布于东北、华北、西北及西南各省区。安阳市广泛分布,为乡土树种,生于海拔 1 000 m 以下的山坡、山谷、丘陵及岗地等处。

观赏价值:榆树树干通直,树形高大,绿荫较浓,适应性强,生长快,是城市绿化、行道树、庭荫树和工厂绿化、营造防护林的重要树种。在干瘠、严寒之地常呈灌木状,也可作绿篱栽培;又因其老茎残根萌芽力强,也可自野外掘取制作盆景。

其他用途:其木材纹理直,坚实耐用,可供家具、车辆、农具、器具、建筑等用;树皮内含淀粉及黏性物,可磨成粉,称榆皮面食用;幼果可作为野菜食用;枝皮纤维可制绳索、麻袋或作人造棉与造纸原料;种子含油,可供医药和轻工业用;叶可作饲料;树皮、叶及翅果均可药用。

(二)榉属

1. **大果榉** *Zelkova sinic*

别名:小叶榉、圆齿鸡油树、抱树、赤肚榆

形态特征:落叶乔木,高可达 20 m;树皮灰白色,呈块状剥落;一年生枝褐色或灰褐色,被灰白色柔毛,以后渐脱落光滑;冬芽椭圆形或球形。叶纸质或厚纸质,卵形或椭圆形,先端渐尖、尾状渐尖,稀急尖,基部圆或宽楔形,有的稍偏斜,叶面绿,幼时疏生粗毛,后脱落变光滑,叶背浅绿,除在主脉上疏生柔毛和脉腋有簇毛外,其余光滑无毛,边缘具浅圆齿状或圆齿状锯齿,羽状侧脉;叶柄较纤细,被灰色柔毛。花杂性同株,雄花朵腋生,雌花单生于叶腋。核果不规则的倒卵状球形,几乎不凹陷,表面光滑无毛,无凸起的网脉,果梗极短,被毛。花期 4 月,果期 8~9 月。

分布范围:我国特产,分布于甘肃、陕西、四川、湖北、河南、山西和河北等地。安阳林州太行山区有分布,常生于海拔 800 m 以上山谷、溪旁及较湿润的山坡疏林中。

观赏价值:树干奇特,枝繁叶茂,是园林绿化的优良树种。

其他用途:其木材重硬,韧性强,耐磨损,可供车辆、农具、家具、器具等地用材。果含油量高,是医药和轻工业的重要原料。

(三)朴属

1. **大叶朴** *Celtis koraiensis*

别名:大叶白麻子、白麻子

形态特征:落叶乔木,高达 15 m;树皮灰色或暗灰色,浅微裂;当年生小枝老后褐色至深褐色,散生小而微凸、椭圆形的皮孔;冬芽深褐色,

内部鳞片具棕色柔毛。叶椭圆形至倒卵状椭圆形,少有为倒广卵形,基部稍不对称,宽楔形至近圆形或微心形,先端具尾状长尖,长尖常由平截状先端伸出,边缘具粗锯齿,两面无毛,或仅叶背疏生短柔毛或在中脉和侧脉上有毛;具叶柄;在萌发枝上的叶较大,且具较多和较硬的毛。核果单生叶腋,果近球形至球状椭圆形,成熟时橙黄色至深褐色;有四条纵肋,表面具明显网孔状凹陷,灰褐色。花期 4~5 月,果期 9~10 月。

分布范围:产于辽宁、河北、山东、安徽、山西、河南、陕西等地。安阳林州太行山区有分布,多生于山坡、沟谷林中。

观赏价值:大叶朴树体高大,冠形美观,枝繁叶茂,叶型别致,为优良的园林绿化树种。在园林中最适合孤植或片植,作庭荫树、庭园风景树、观赏树、行道树,都有很好的观赏效果。

其他用途:大叶朴根、树皮及嫩叶均可入药;其茎和皮含纤维,可作为造纸和人造棉及其开发主要纤维编织植物的极好原料;果实可以作润滑油或者榨油;木材非常坚硬,可作家具或用作薪炭用。

2. 黑弹树　*Celtis bungeana*

别名:小叶朴、黑弹朴

形态特征:落叶乔木,高达 10 m,树皮灰色或暗灰色;当年生小枝淡棕色,老后色较深,无毛,散生椭圆形皮孔,去年生小枝灰褐色;冬芽棕色或暗棕色,鳞片无毛。叶厚纸质,狭卵形、长圆形、卵状椭圆形至卵形,基部宽楔形至近圆形,稍偏斜至几乎不偏斜,先端尖至渐尖,中部以上疏具不规则浅齿,有时一侧近全缘,无毛;叶柄淡黄色,上面有沟槽,幼时槽中有短毛,老后脱净;萌发枝上的叶形变异较大,先端可具尾尖且有糙毛。果单生叶腋果柄较细软,果成熟时蓝黑色,近球形;核近球形,肋不明显。花期 4~5 月,果期 10~11 月。

分布范围:产于华北、西北、华中、华东、西南等地区。安阳太行山区有分布,多生于山坡、灌丛或林边。

观赏价值:黑弹树树形美观,树冠圆满宽广,绿荫浓郁,是园林绿化的良好树种,可作公园、庭园作庭荫树,也可作行道树。还可制作树桩盆景。

其他用途:黑弹树木材坚硬,可供工业用材。茎皮为造纸和人造棉原料;果实榨油作润滑油;树皮、根皮入药。

(四)青檀属

1. 青檀 *Pteroceltis tatarinowii*

别名:檀、檀树、翼朴、摇钱树

形态特征:落叶乔木,高可达 20 m;树皮灰色或深灰色,不规则的长片状剥落;小枝黄绿色,干时变栗褐色,疏被短柔毛,后渐脱落,皮孔明显,椭圆形或近圆形;冬芽卵形。叶纸质,宽卵形至长卵形,先端渐尖至尾状渐尖,基部不对称,楔形、圆形或截形,边缘有不整齐的锯齿,基部 3 出脉,侧出的一对近直伸达叶的上部,叶面绿,幼时被短硬毛,后脱落常残留有圆点,光滑或稍粗糙,叶背淡绿,在脉上有稀疏的或较密的短柔毛,脉腋有簇毛,其余近光滑无毛;叶柄被短柔毛。翅果状坚果近圆形或近四方形,黄绿色或黄褐色,翅宽,稍带木质,有放射线条纹,下端截形或浅心形,顶端有凹缺,常有不规则的皱纹,有时具耳状附属物,具宿存的花柱和花被,果梗纤细,被短柔毛。花期 3~5 月,果期 8~10 月。

分布范围:产于辽宁、华北、华中、西北、华东、西南等地区。安阳太行山区有分布,多生于山谷石灰岩山地疏林中。

观赏价值:青檀是安阳市珍贵的乡土树种,枝繁叶茂,树姿优美,树冠球形,极具观赏价值。可孤植、片植于庭院,也可作为行道树成行栽植,是优良的园林观赏树种;青檀寿命长,耐修剪,也是优良的盆景观赏树种。

其他用途:青檀的茎皮和枝皮可提取纤维,其纤维是制造"宣纸"的主要原料;其木材材质坚硬,韧性好,耐磨损,质地细致,是制作家具、农用工具和建筑用材的上等木料;种子可榨油。

六、桑科　*Moraceae*

(一)桑属

1. 桑　*Morus alba*

别名:家桑、白桑、桑树

形态特征:落叶乔木或为灌木状,高可达 10 m。树体富含乳浆。树皮厚,黄褐色,具不规则浅纵裂。冬芽红褐色,卵形,芽鳞覆瓦状排列,灰褐色,有细毛。小枝有细毛。单叶互生,叶卵形或广卵形,先端急尖、渐尖,基部圆形至浅心形,边缘锯齿粗钝,有时叶为各种分裂,表面鲜绿色,无毛,背面沿脉有疏毛,脉腋有簇毛;叶柄具柔毛。花单性,雌雄异株,腋生穗状花序,与叶同时生出;雄花序下垂,密被白色柔毛,雄花花被片宽椭圆形,淡绿色;雌花序被毛,雌花无梗,柱头2裂。聚花果卵状椭圆形,成熟时红色或暗紫色。花期4～5月,果期5～7月。

分布范围:产于我国由东北至西南各省区。安阳市有分布。

观赏价值:桑树树冠开阔,枝繁叶茂,秋季叶色变黄,为优良园林绿化树种,且能有效抗烟尘及有害有毒气体,也可种植于城区、工矿企业及乡村“四旁”美化绿化。其适应性强,为良好的绿化美化树种。

其他用途:桑树皮纤维柔细,可作纺织、造纸原料;根皮、果实及枝条入药;叶为养蚕的主要饲料。木材坚硬,可制家具、乐器、雕刻等;桑椹可食用,可以酿酒,称桑子酒。

2. 蒙桑　*Morus mongolica*

别名:刺叶桑、岩桑、山桑、尾叶蒙桑

形态特征:落叶小乔木或灌木,树皮灰褐色,纵裂;小枝暗红色,老枝灰黑色;冬芽卵圆形,灰褐色。叶长椭圆状卵形,先端尾尖,基部心形,边缘具三角形单锯齿,稀为重锯齿,齿尖有长刺芒,两面无毛;具叶柄。花单性,雌雄异株,腋生穗状花序;雄花花被暗黄色,花药2室,纵裂;雌花序短圆柱状,总花梗纤细;雌花花柱长,柱头2裂。聚花果成熟时红色至紫黑色。花期3～4月,果期4～5月。

分布范围:产于东北、西北、华北、华中、西南、华东等地区。安阳太行山区有分布,生于海拔500 m以上山地或林中。

观赏价值:蒙桑枝叶繁茂,叶形别致,可做园林绿化树种。

其他用途:其树皮纤维为高级造纸和纺织原料;根皮入药;果可食用和酿酒;木材可做家具、器具等。

(二)柘属

1. 柘 *Maclura tricuspidata*

别名:柘桑、黄桑、拓树

形态特征:落叶灌木或小乔木。具白色液汁。树皮灰褐色。小枝光滑,有长棘刺。冬芽赤褐色。单叶互生,叶卵形或菱状卵形,全缘偶为三裂,先端渐尖,基部楔形至圆形,表面深绿色,背面绿白色;叶柄被微柔毛。雌雄异株,雌雄花序均为球形头状花序,单生或成对腋生,具短总花梗;雄花花被片4,肉质,雄蕊4,花丝直立;雌花序花被片与雄花同数。聚花果近球形,肉质,成熟时橘红色。花期5~6月,果期6~7月。

分布范围:产于华北、华东、中南、西南各省区。安阳市有分布。

观赏价值:其枝叶茂密,叶色光亮,果实鲜红,可作园林绿化树种;因其具长棘刺,也可种植作绿篱。

其他用途:茎皮纤维可以造纸;根皮药用;嫩叶可以养幼蚕;果可生食或酿酒;木材心部黄色,质坚硬细致,古代用作制弓,可以作家具用或作黄色染料;也为良好的绿篱树种。

七、荨麻科 *Urticaceae*

(一)冷水花属

1. 透茎冷水花 *Pilea pumila*

别名:肥肉草

形态特征:一年生草本。茎肉质,直立,无毛,分枝或不分枝。单叶对生,叶近膜质,同对的近等大,近平展,菱状卵形或宽卵形,先端渐尖、短渐尖、锐尖或微钝,基部常宽楔形,有时钝圆,边缘除基部全缘外,其上有牙齿或牙状锯齿,稀近全绿,两面疏生透明硬毛,钟乳体条形,基出脉3条;叶柄上部近叶片基部常疏生短毛。花雌雄同株并常同序,雄花常生于花序的下部,花序蝎尾状,密集,生于几乎每个叶腋,雌花枝在果时增长。雄花具短梗或无梗,在芽时倒卵形;花被片常2,近船形;雌花花被片3,近等大。瘦果三角状卵形,初时光滑,常有褐色或深棕色斑点,熟时色斑多少隆起。花期6~8月,果期8~10月。

分布范围:除新疆、青海、台湾和海南外,分布几遍及全国。安阳太行山区有分布,生于海拔600 m以上山坡林下或岩石缝的阴湿处。

观赏价值:观叶植物,可盆栽或地栽观赏。

其他用途:根、茎药用。

八、马兜铃科　*Aristolochiaceae*

(一)马兜铃属

1. 木通马兜铃　*Aristolochia manshuriensis*

别名:关木通、东北木通、马木通、万年藤、木通

形态特征:落叶木质藤本,长达10余米;嫩枝深紫色,密生白色长柔毛;茎皮灰色,表面散生淡褐色长圆形皮孔,具纵皱纹,或老茎具增厚又呈长条状纵裂的木栓层。单叶、互生,叶革质,心形或卵状心形,顶端钝圆或短尖,基部心形至深心形,边全缘,嫩叶上面疏生白色长柔毛,以后毛渐脱落,下面密被白色长柔毛,亦渐脱落而变稀疏;基出脉5~7条;叶柄略扁。花单朵生于叶腋;花梗常向下弯垂,中部具小苞片;小苞片卵状心形或心形,绿色,近无柄;花被管中部马蹄形弯曲,下部管状,外面粉红色,具绿色纵脉纹;檐部圆盘状,内面暗紫色而有稀疏乳头状小点,外面绿色,有紫色条纹,边缘浅3裂。蒴果长圆柱形,暗褐色,有6棱,成熟时6瓣开裂;种子三角状心形,干时灰褐色,背面平凸状,具小疣点。花期6~7月,果期8~9月。

分布范围:产于东北、山西、陕西、甘肃、四川、湖北等省区。安阳市有分布,生于林州太行山海拔1 000 m左右阴湿的阔叶和针叶混交林中。

观赏价值:木通马兜铃可做地栽布置庭院,在园林绿化中可栽种于通道两侧、绿廊、棚架旁,是垂直立体绿化的良好材料。

其他用途:其茎中药材名称为木通。

2. 北马兜铃 *Aristolochia contorta*

别名：马斗铃、臭瓜篓、茶叶包、臭罐罐、臭铃当、吊挂篮子、葫芦罐

形态特征：草质藤本，无毛，干后有纵槽纹。单叶互生，叶纸质，卵状心形或三角状心形，顶端短尖或钝，基部心形，边全缘，上面绿色，下面浅绿色，两面均无毛；基出脉 5 ~ 7 条；叶柄柔弱。总状花序生于叶腋；花被基部膨大呈球形，向上收狭呈一长管，管口扩大呈漏斗状，形成喇叭状；檐部一侧极短，有时边缘下翻或稍二裂，另一侧渐扩大成舌片；舌片卵状披针形，顶端长渐尖具延伸成线形而弯扭的尾尖，黄绿色，常具紫色纵脉和网纹。蒴果宽倒卵形或椭圆状倒卵形，顶端圆形而微凹，6 瓣开裂；果梗下垂，随果开裂；种子三角状心形。花期 5 ~ 7 月，果期 8 ~ 10 月。

分布范围：产于东北、河北、河南、山东、山西、陕西、甘肃、湖北等省区。安阳太行山区有分布，生于海拔 600 m 以上的山坡灌丛、沟谷两旁以及林缘。

观赏价值：北马兜铃果实奇特，形似铃铛，美观别致，可做立体绿化材料。

其他用途：茎叶药用，称天仙藤，根药用称青木香。

九、蓼科　*Polygonaceae*

（一）蓼属

1. 红蓼 *Polygonum orientale*

别名：狗尾巴花、荭草、阔叶蓼、大红蓼、水红花、水红花子、荭蓼

形态特征：一年生草本。茎直立，粗壮，高可达 2 m，上部多分枝，密被开展的长柔毛。叶宽卵形、宽椭圆形或卵状披针形，顶端渐尖，基部圆形或近心形，微下延，边缘全缘，密生缘毛，两面密生短柔毛，叶脉上密生长柔毛；叶柄具开展的长柔毛；托叶鞘筒状，膜质，被长柔毛，具长缘毛，通常沿顶端具草质、绿色的翅。总状花序呈穗状，顶生或腋生，花紧密，微下垂，通常数个再组成圆锥状。瘦果近圆形，双凹，黑褐色，有光泽，包于宿存花被内。花期 6 ~ 9 月，果期 8 ~ 10 月。

分布范围：除西藏外，广布于全国各地。安阳市广为分布，生于沟

边湿地、村边路旁。

观赏价值:其生长迅速、高大茂盛,叶绿花红艳,适应性强,为优良的观赏植物。

其他用途:果实入药,名"水红花子"。

(二)翼蓼属

1. 翼蓼 *Pteroxygonum giraldii*

别名:老驴蛋

形态特征:多年生草本。块根粗壮,近圆形,横断面暗红色。茎攀缘,圆柱形,中空,具细纵棱,无毛或被疏柔毛。单叶 2 ~ 4 簇生,叶片三角状卵形或三角,顶端渐尖,基部宽心形或戟形,具 5 ~ 7 基出脉,上面无毛,下面沿叶脉疏生短柔毛,边缘具短缘毛;叶柄无毛,通常基部卷曲。花序总状,腋生,直立,花序梗粗壮;苞片狭卵状披针形,淡绿色;花被 5 深裂,白色,花被片椭圆形。瘦果卵形,黑色,具 3 锐棱,沿棱具黄褐色膜质翅,基部具 3 个黑色角状附属物;果梗粗壮,具 3 个下延的狭翅。花期 6 ~ 8 月,果期 7 ~ 9 月。

分布范围:产于河北、北京、山西、河南、陕西、甘肃、湖北和四川等地区。安阳林州太行山区有分布,生于山坡石缝、山谷灌丛中。

观赏价值:可作垂直绿化植物。

其他用途:块根入药。

(三)大黄属

1. 波叶大黄 *Rheum rhabarbarum*

别名:华北大黄、长叶波叶大黄

形态特征:直立大草本,直根粗壮,肥大木质,内部土黄色;茎直立粗壮,具细沟纹,常粗糙。单叶互生,叶大型;基生叶较大,叶片三角形或窄长三角形,顶端钝急尖,基部心形,边缘具皱波,叶上面灰绿色或蓝绿色,通常光滑,下面暗紫红色,被稀疏短毛;叶柄半圆柱状,短于叶片,常暗紫红色;茎生叶较小,叶片三角状卵形;越向上叶柄越短,到近无柄;托叶鞘抱茎,棕褐色,外面被短硬毛。大型圆锥花序;花黄白色,3 ~

6 朵簇生;花被片 6。瘦果宽椭圆形到矩圆状椭圆形,三棱形,具翅。花期 6 月,果期 6~7 月。

分布范围:产于山西、河北、内蒙古南部及河南北部。安阳林州太行山区有分布。

观赏价值:叶肥大,大型圆锥花序红色、黄白色,适宜栽培观赏。

其他用途:根药用。

十、藜科

(一)地肤属

1. 地肤 *Kochia scoparia*

别名:扫帚苗、扫帚菜、观音菜、孔雀

形态特征:一年生草本。根略呈纺锤形。茎直立,圆柱状,淡绿色或带紫红色,有多数条棱,稍有短柔毛或下部几无毛;分枝稀疏,斜上。叶为平面叶,披针形或条状披针形,长无毛或稍有毛,先端短渐尖,基部渐狭入短柄,通常有 3 条明显的主脉,边缘有疏生的锈色绢状缘毛;茎上部叶较小,无柄,1 脉。花两性或雌性,通常 1~3 个生于上部叶腋,构成疏穗状圆锥状花序。胞果扁球形,果皮膜质,与种子离生。种子卵形,黑褐色。花期 6~9 月,果期 7~10 月。

分布范围:全国各地均产。安阳市有分布,生于田边、路旁、荒地等处。

观赏价值:园艺栽培变型扫帚菜(*f. trichophylla*(Hort.)Schinz et Thell.),其分枝繁多,植株呈卵形或倒卵形,叶较狭,栽培作扫帚用,秋季枝叶变红,可供观赏。

其他用途:幼苗可做蔬菜;果实称"地肤子",为常用中药,能清湿热、利尿,治尿痛、尿急、小便不利及荨麻疹,外用治皮肤癣及阴囊湿疹。

十一、苋科 *Amaranthaceae*

(一)苋属 *Amaranthus*

1. 老鸦谷 *Amaranthus cruentus*

别名:鸦谷、天雪米、繁穗苋

形态特征:和尾穗苋相近,区别为:圆锥花序直立或以后下垂,花穗顶端尖;苞片及花被片顶端芒刺明显;花被片和胞果等长。又和千穗谷相近,区别为:雌花苞片为花被片长的一倍半,花被片顶端圆钝。花期6~7月,果期9~10月。

分布范围:我国各地栽培或野生。安阳市逸生为野生。

观赏价值:圆锥花序别致美观,栽培可供观赏。

其他用途:茎叶可作蔬菜;栽培供观赏;种子为粮食作物,食用或酿酒。

2. *尾穗苋　Amaranthus caudatus*

别名:老枪谷、籽粒苋

形态特征:一年生草本;茎直立,粗壮,具钝棱角,单一或稍分枝,绿色,或常带粉红色,幼时有短柔毛,后渐脱落。叶片菱状卵形或菱状披针形,顶端短渐尖或圆钝,具凸尖,基部宽楔形,稍不对称,全缘或波状缘,绿色或红色,除在叶脉上稍有柔毛外,两面无毛;叶柄绿色或粉红色,疏生柔毛。圆锥花序顶生,下垂,有多数分枝,中央分枝特长,由多数穗状花序形成,顶端钝,花密集成雌花和雄花混生的花簇。胞果近球形,上半部红色,超出花被片。种子近球形淡棕黄色,有厚的环。花期7~8月,果期9~10月。

分布范围:我国各地栽培,有时逸为野生。安阳市逸为野生。

观赏价值:圆锥花序别致美观,栽培可供观赏。

其他用途:根供药用,可作家畜及家禽饲料。

十二、石竹科　*Caryophyllaceae*

(一)石竹属　*Dianthus*

1. *石竹　Dianthus chinensis*

别名:瞿麦、中国石竹、洛阳花

形态特征:多年生草本,高30 cm左右,全株无毛,带粉绿色。茎由根颈生出,疏丛生,直立,节膨大,上部分枝。单叶对生,叶片线状披针形,顶端渐尖,基部稍狭,全缘或有细小齿,中脉较显。花单生枝端或数花集成聚伞花序;苞片4,卵形,顶端长渐尖,长达花萼1/2以上,边缘膜质,有缘毛;花萼圆筒形,有纵条纹,萼齿披针形,直伸,顶端尖,有缘毛;花瓣瓣片倒卵状三角形,紫红色、粉红色、鲜红色或白色,顶缘不整齐齿裂,喉部有斑纹,疏生髯毛;雄蕊露出喉部外,花药蓝色;子房长圆形,花柱线形。蒴果圆筒形,包于宿存萼内,顶端4裂;种子黑色,扁圆形。花期5~6月,果期7~9月。

分布范围:原产我国北方地区,现在南北普遍生长,生于草原和山坡草地。安阳市有分布,生于林州太行山山坡草地。

观赏价值:石竹株型低矮,茎秆似竹,叶丛青翠,花色丰富,花朵繁茂,观赏期较长。园林中可用于花坛、花境、花台或盆栽,也可用于岩石园和草坪边缘点缀,也可大面积成片栽植作景观地被,也可切花观赏。

其他用途:根和全草入药。花含芳香油,可配制高级香精。

2. 瞿麦 *Dianthus superbus*

别名:野麦、石柱花、十样景花、巨麦

形态特征:多年生草本,高可达60 cm。茎丛生,直立,绿色,无毛,上部分枝。单叶对生,叶片线状披针形,顶端锐尖,中脉特显,基部合生成鞘状,绿色,有时带粉绿色。花1或2朵生枝端,有时顶下腋生;苞片2~3对,倒卵形,约为花萼1/4,顶端长尖;花萼圆筒形,常染紫红色晕,萼齿披针形;花瓣爪包于萼筒内,瓣片宽倒卵形,边缘繸裂至中部或中部以上,通常淡红色或带紫色,稀白色,喉部具丝毛状鳞片;雄蕊和花柱微外露。蒴果圆筒形,与宿存萼等长或微长,顶端4裂;种子扁卵圆形,黑色,有光泽。花期6~9月,果期8~10月。

分布范围:产于东北、华北、西北、华东、华中等地区。安阳太行山区有分布,生于林州太行山山地疏林下、林缘、沟谷溪边。

观赏价值:其茎秆似竹,叶丛青翠,花色丰富,花朵繁茂,观赏期较长。园林中可用于花坛、花境、花台或盆栽,也可用于岩石园和草坪边缘点缀。也可大面积成片栽植作景观地被。也可盆栽或作切花。

其他用途:全草入药,有清热、利尿、破血通经功效。也可作农药,能杀虫。

(二)石头花属 *Gypsophila*

1. 长蕊石头花 *Gypsophila oldhamiana*

别名:长蕊丝石竹、霞草、山蚂蚱菜

形态特征:多年生草本。根粗壮,木质化,淡褐色至灰褐色。茎数个由根颈处生出,二歧或三歧分枝,开展,老茎常红紫色。单叶对生,叶片近革质,稍厚,长圆形,顶端短凸尖,基部稍狭,两叶基相连成短鞘状,微抱茎,脉3~5条,中脉明显,上部叶较狭,近线形。伞房状聚伞花序较密集,顶生或腋生,无毛;花梗直伸,无毛或疏生短柔毛;苞片卵状披针形,长渐尖尾状,膜质,大多具缘毛;花萼钟形或漏斗状,萼齿卵状三角形,略急尖,脉绿色,伸达齿端,边缘白色,膜质,具缘毛;花瓣粉红色,倒卵状长圆形,顶端截形或微凹,长于花萼1倍;雄蕊长于花瓣;子房倒卵球形,花柱长线形,伸出。蒴果卵球形,稍长于宿存萼,顶端4裂;种子近肾形,灰褐色,两侧压扁,具条状凸起,脊部具短尖的小疣状凸起。花期6~9月,果期8~10月。

分布范围:产于辽宁、北京、河北、山西、陕西、山东、江苏、河南等地区。安阳林州太行山区有分布,生于山坡草地、灌丛。

观赏价值:长蕊石头花枝、叶纤细,分枝极多,小花繁星密布,轻盈飘逸,为很好的园林观赏植物,可用于花坛、花境或花丛。也是插花的主要陪衬材料,还是制作干花的理想花材。

其他用途:根供药用;根的水浸剂可防治蚜虫、红蜘蛛、地老虎等,还可洗涤毛、丝织品;全草可做猪饲料。

(三)麦蓝菜属 *Vaccaria*

1. 麦蓝菜 *Vaccaria hispanica*

别名:麦蓝子、王不留行

形态特征:一年生或二年生草本,高可达70 cm,全株无毛,微被白粉,呈灰绿色。根为主根系。茎单生,直立,上部分枝。单叶对生,叶片卵状披针形或披针形,基部圆形或近心形,微抱茎,顶端急尖,具3基出脉。伞房花序稀疏;花梗细;苞片披针形,着生花梗中上部;花萼卵状圆锥形,后期微膨大呈球形,棱绿色,棱间绿白色,近膜质,萼齿小,三角

形,顶端急尖,边缘膜质;雌雄蕊柄极短;花瓣淡红色,爪狭楔形,淡绿色,瓣片狭倒卵形,斜展或平展,微凹缺,有时具不明显的缺刻;雄蕊内藏;花柱线形,微外露。蒴果宽卵形或近圆球形;种子近圆球形,红褐色至黑色。花期5~7月,果期6~8月。

分布范围:我国除华南地区外,全国均有分布。安阳市有分布,生于草坡、撂荒地或麦田中。

观赏价值:叶绿花红,可盆栽或地栽观赏。

其他用途:干燥成熟种子入药。

十三、领春木科 *Eupteleaceae*

(一)领春木属 *Euptelea*

1. 领春木 *Euptelea pleiosperma*

别名:水桃、正心木

形态特征:落叶灌木或小乔木,高可达15 m;树皮紫黑色或棕灰色;小枝无毛,紫黑色或灰色;芽卵形,鳞片深褐色,光亮。叶纸质,卵形或近圆形,少数椭圆卵形或椭圆披针形,先端渐尖,有1突生尾尖,基部楔形或宽楔形,边缘疏生顶端加厚的锯齿,下部或近基部全缘,上面无毛或散生柔毛后脱落,仅在脉上残存,下面无毛或脉上有伏毛,脉腋具丛毛,侧脉6~11对;叶柄有柔毛后脱落。花簇生叶腋;早春先叶开放;雄蕊花药红色,比花丝长;心皮6~12,子房歪形。翅果扁平,棕色;种子卵形,黑色。花期4~5月,果期7~8月。

分布范围:产于陕西、山西、河北、甘肃、浙江、湖北、四川等省区。安阳太行山区有分布。

观赏价值:树形优美,树干通直,是优美的庭院树种。

其他用途:领春木木材纹理美观,可做高档家具或仪器表盒等。

十四、毛茛科 *Ranunculaceae*

(一)乌头属 *Aconitum*

1. 牛扁 *Aconitum barbatum* var. *puberulum*

别名:扁桃叶根

形态特征:多年生草本,根近直立,圆柱形。茎高可达 90 cm,茎和叶柄均被反曲而紧贴的短柔毛。基生叶 2 ~ 4,与茎下部叶具长柄;叶片肾形或圆肾形三全裂,中央全裂片宽菱形,三深裂近中脉,末回小裂片三角形或狭披针形;叶柄被伸展的短柔毛,基部具鞘。顶生总状花序,具密集的花;轴及花梗密被紧贴的短柔毛;下部苞片狭线形,中部的披针状钻形,上部的三角形,被短柔毛;花梗直展;小苞片生花梗中部附近,狭三角形;萼片黄色,外面密被短柔毛,上萼片圆筒形,下缘近直;花瓣无毛,距比唇稍短,直或稍向后弯曲;花丝全缘,无毛或有短毛;心皮 3。蓇葖果,疏被紧贴的短毛;种子倒卵球形,褐色,密生横狭翅。7 ~ 8 月开花,果熟期 9 ~ 10 月。

分布范围:在我国分布于东北、华北各省区。安阳林州太行山区有分布,生于海拔 1 000 m 以上山地疏林下或较阴湿处。

观赏价值:花形别致美观,为优良的园林观赏植物,园林应用中可地栽,片植效果更好。

其他用途:根供药用。

(二)银莲花属 *Anemone*

1. 大火草 *Anemone tomentosa*

别名:大头翁、野棉花

形态特征:多年生草本,植株高可达 150 cm。根状茎。基生叶 3 ~ 4,有长柄,为三出复叶,有时有 1 ~ 2 叶为单叶;中央小叶有长柄,小叶片卵形至三角状卵形,顶端急尖,基部浅心形、心形或圆形,三浅裂至三深裂,边缘有不规则小裂片和锯齿,表面有糙伏毛,背面密被白色茸毛,侧生小叶稍斜,叶柄与花葶都密被白色或淡黄色短茸毛。聚伞花序,2 ~ 3 回分枝;苞片 3,与基生叶相似,不等大,有时 1 个为单叶,三深裂;花梗有短茸毛;萼片 5,花瓣状,淡粉红色或白色,倒卵形、宽倒卵形或宽椭圆形,背面有短茸毛。聚合果球形;瘦果有细柄,密被绵毛。花期 7 ~ 9 月,果熟期 8 ~ 10 月。

分布范围:分布于四川、青海、甘肃、陕西、湖北、河南、山西、河北等省区。安阳林州太行山区有分布,生于山地草坡或路边向阳处。

观赏价值:大火草聚伞花序淡粉红色或白色,素雅大方,是很好的园林观花植物,可片植观赏。

其他用途:根状茎供药用;茎含纤维,脱胶后可搓绳;种子可榨油;种子毛可作填充物,制造救生衣等。

2. **毛蕊银莲花** *Anemone cathayensis var. hispida*

形态特征:多年生草本,植株高可达 40 cm。基生叶 4~8,有长柄;叶片圆肾形,偶尔圆卵形,三全裂,全裂片稍覆压,中全裂片有短柄或无柄,宽菱形或菱状倒卵形,三裂近中部,二回裂片浅裂,末回裂片卵形或狭卵形,侧全裂片斜扇形,不等三深裂,两面散生柔毛或变无毛;叶柄除基部有较密长柔毛外,其他部分有稀疏长柔毛或无毛。花葶有疏柔毛或无毛;苞片无柄,不等大,菱形或倒卵形,三浅裂或三深裂;萼片白色或带粉红色,倒卵形或狭倒卵形,顶端圆形或钝,无毛。瘦果扁平,宽椭圆形或近圆形。4~7 月开花。

分布范围:分布于豫北太行山、河北太行山。安阳林州太行山区有分布,生于海拔 1 000 m 以上山地草坡。

观赏价值:银莲花花朵美丽,是春、秋季优良的庭园花卉。园林应用上常用作沿边花境、花坛绿化材料。

(三)楼斗菜属 *Aquilegia*

1. **华北楼斗菜** *Aquilegia yabeana*

别名:紫霞楼斗、五铃花

形态特征:多年生草本。根圆柱形。茎有稀疏短柔毛和少数腺毛,上部分枝。基生叶数个,有长柄,为一或二回三出复叶;小叶菱状倒卵形或宽菱形,三裂,边缘有圆齿,表面无毛,背面疏被短柔毛;具长叶柄。茎中部叶有稍长柄,通常为二回三出复叶;上部叶小,有短柄,为一回三出复叶。花序有少数花,密被短腺毛;苞片三裂或不裂,狭长圆形;花下垂;萼片紫色,狭卵形;花瓣紫色,瓣片长,顶端圆截形,有距,末端钩状内曲,外面有稀疏短柔毛;心皮5,子房密被短腺毛。菁葖果,隆起的脉网明显;种子黑色,狭卵球形。花期5~6月,果熟期6~7月。

分布范围:分布于四川、陕西、河南、山西、山东、河北、辽宁等省区。

安阳太行山区有分布,生于山地草坡或林边。

观赏价值:其叶形秀丽,花姿娇小玲珑,花冠有弯曲的花距,花姿独特,花色明快,花期长,是良好的绿化、观赏植物。可盆栽或地栽成片植于草坪上、密林下。

其他用途:华北楼斗菜的嫩茎、叶可作野菜食用;根含糖类,新鲜的根可制作饴糖,也可酿酒;种子含油,可作机械润滑油。

(四)铁线莲属　*Clematis*

1. 粗齿铁线莲　*Clematis grandidentata*

别名:线木通、小木通、白头公公、大蓑衣藤、银叶铁线莲、大木通

形态特征:落叶藤本。小枝密生白色短柔毛,老时外皮剥落。一回羽状复叶,有 5 小叶,有时茎端为三出叶;小叶片卵形或椭圆状卵形,顶端渐尖,基部圆形、宽楔形或微心形,常有不明显 3 裂,边缘有粗大锯齿状牙齿,上面疏生短柔毛,下面密生白色短柔毛至较疏,或近无毛。腋生聚伞花序常有 3~7 花,或成顶生圆锥状聚伞花序多花,较叶短;花萼片 4,开展,白色,近长圆形,顶端钝,两面有短柔毛,内面较疏至近无毛;雄蕊无毛。瘦果扁卵圆形,有柔毛,花柱宿存。花期 5~7 月,果期 7~10 月。

分布范围:产于我国西南、华中、华东、华北等地区。安阳林州太行山区有分布,生于山坡或山沟灌丛中。

观赏价值:枝叶繁茂,花色素雅,美观大方,可作垂直绿化藤本植物,园林应用中可用竹条、木条等搭架让短尾铁线莲茎枝蔓延缠绕架上,构成树状、塔状或墙状;也可栽培于绿廊支柱附近,让其攀附生长;也可栽植于阳台、立柱、门廊、墙体、棚架等处,绿化效果显得格外优雅别致,美观大方。

其他用途:根茎藤药用。

2. 大叶铁线莲　*Clematis heracleifolia*

别名:气死大夫、草牡丹、木通花、卷萼铁线莲

形态特征:直立草本或半灌木。高可达 100 cm,有粗大的主根,木质化,表面棕黄色。茎粗壮,有明显的纵条纹,密生白色糙茸毛。三出

复叶;小叶片亚革质或厚纸质,卵圆形、宽卵圆形至近于圆形,顶端短尖基部圆形或楔形,有时偏斜,边缘有不整齐的粗锯齿,齿尖有短尖头,上面暗绿色,近于无毛,下面有曲柔毛,主脉及侧脉在上面平坦,在下面显著隆起;叶柄粗壮被毛;顶生小叶柄长,侧生者短。聚伞花序顶生或腋生,花梗粗壮,有淡白色的糙茸毛,每花下有一枚线状披针形的苞片;花杂性,雄花与两性花异株;花萼下半部呈管状,顶端常反卷;萼片4枚,蓝紫色,长椭圆形至宽线形,常在反卷部分增宽,内面无毛,外面有白色厚绢状短柔毛,边缘密生白色茸毛。瘦果卵圆形,两面凸起,长约4 mm,红棕色,被短柔毛,宿存花柱丝状,长达3 cm,有白色长柔毛。花期8~9月,果期10月。

分布范围:产于我国东北、华北、华东、华中等地区。安阳太行山区有分布,常生于山坡沟谷、林边及路旁的灌丛中。

观赏价值:大叶铁线莲叶色浓绿,花色鲜艳,片植或带植园林景观效果很好,是园林绿化中应用前景良好的地被植物。

其他用途:全草及根供药用;种子可榨油,供油漆用。

(五)翠雀属 *Delphinium*

1.翠雀 *Delphinium grandiflorum*

别名:鸽子花、百部草、鸡爪连

形态特征:多年生草本。茎高可达60 cm,与叶柄均被反曲而贴伏的短柔毛,上部有时变无毛,等距地生叶,分枝。基生叶和茎下部叶有长柄;叶片圆五角形,三全裂,中央全裂片近菱形,一至二回三裂近中脉,小裂片线状披针形至线形,边缘干时稍反卷,侧全裂片扇形,不等二深裂近基部,两面疏被短柔毛或近无毛;叶柄长为叶片的3~4倍,基部具短鞘。总状花序;下部苞片叶状,其他苞片线形;花梗与轴密被贴伏的白色短柔毛;小苞片生花梗中部或上部,线形或丝形;萼片紫蓝色,椭圆形或宽椭圆形,外面有短柔毛,距钻形,直或末端稍向下弯曲;花瓣蓝色,无毛,顶端圆形;退化雄蕊蓝色,瓣片近圆形或宽倒卵形,顶端全缘或微凹,腹面中央有黄色髯毛;雄蕊无毛;心皮3,子房密被贴伏的短柔毛。蓇葖果;种子倒卵状四面体形,沿棱有翅。5~10月开花。

分布范围:产于我国云南、四川、山西、河北等省区。安阳林州太行山区有分布,生于山地草坡。

观赏价值:翠雀花因其花色大多为蓝紫色或淡紫色,花形似蓝色飞燕落满枝头,因而又名"飞燕草",是少有的蓝色花卉资源,具有很高的观赏价值。翠雀花欧洲国家早已开始园艺化栽培,广泛用于庭院绿化、盆栽观赏和切花生产。

其他用途:全草药用。

(六)白头翁属　*Pulsatilla*

1. 白头翁　*Pulsatilla chinensis*

别名:毫笔花、毛姑朵花、老姑子花、老公花、大碗花、羊胡子花

形态特征:多年生草本。植株高 30 cm 左右。具粗根状茎。基生叶 4~5,通常在开花时刚刚生出,有长柄;叶片宽卵形,三全裂,中全裂片有柄或近无柄,宽卵形,三深裂,中深裂片楔状倒卵形,全缘或有齿,侧深裂片不等二浅裂,侧全裂片无柄或近无柄,不等三深裂,表面变无毛,背面有长柔毛;叶柄有密长柔毛。花葶有柔毛;苞片3,基部合生成长筒,三深裂,深裂片线形,不分裂或上部三浅裂,背面密被长柔毛;花梗结果时变长;花直立;萼片蓝紫色,长圆状卵形,背面有密柔毛;雄蕊长约为萼片之半。聚合果;瘦果纺锤形,扁,有长柔毛,花柱宿存,有向上斜展的长柔毛。花期 4~5 月,果期 5~6 月。

分布范围:在我国分布于东北、华北、华中、西南、华东等地区。安阳太行山区有分布,生于山坡草丛中、林边或干旱多石的坡地。

观赏价值:白头翁为早春观花观果植物,已广泛应用于园林中。花色有白、紫、蓝三种颜色,果期羽毛状花柱宿存,形如头状,极为别致,十分奇特,从花朵开放到蒴果成熟过程中,先赏花后观果,可用于花坛或盆栽欣赏。

其他用途:根状茎药用。

（七）唐松草属 *Thalictrum*

1. 东亚唐松草　*Thalictrum minus* var. *hypoleucum*

别名：穷汉子腿、佛爷指甲、金鸡脚下黄、烟锅草

形态特征：多年生草本植物，有须根。植株全部无毛。茎下部叶有稍长柄或短柄，茎中部叶有短柄或近无柄，为四回三出羽状复叶；小叶纸质或薄革质，顶生小叶楔状倒卵形、宽倒卵形、近圆形或狭菱形，基部楔形至圆形，三浅裂或有疏牙齿，背面有白粉，粉绿色，脉隆起，脉网明显；叶柄基部有狭鞘。大型圆锥花序；花萼片4，淡黄绿色，脱落，狭椭圆形；雄蕊多数，花药狭长圆形，顶端有短尖头，花丝丝形；心皮无柄，柱头正三角状箭头形。瘦果狭椭圆球形，稍扁，有8条纵肋。6～7月开花。

分布范围：我国分布于除西北、西南地区外的广大地区。安阳林州太行山区有分布，生于丘陵或山地林边或山谷沟边。

观赏价值：唐松草茎叶舒展，枝繁叶茂，大枝斜出，小枝直立，株形伞状，叶披白霜，姿态优美，细腻雅致；花小繁密，花萼洁白，花色素雅，美观大方，是优良的观叶观花植物。园林应用可在公园、庭院作林下作绿被植物栽培，也可造景植于花坛、花境、岩石之旁，亦可盆栽。

其他用途：根入药。

（八）金莲花属 *Trollius*

1. 金莲花　*Trollius chinensis*

别名：阿勒泰金莲花

形态特征：多年生草本植物，植株全体无毛。须根。茎不分枝，疏生2～4叶。基生叶1～4个，有长柄；叶片五角形，基部心形，三全裂，全裂片分开，中央全裂片菱形，顶端急尖，三裂达中部或稍超过中部，边缘密生稍不相等的三角形锐锯齿，侧全裂片斜扇形，二深裂近基部，上面深裂片与中全裂片相似，下面深裂片较小，斜菱形；叶柄基部具狭鞘。茎生叶似基生叶，下部的具长柄，上部的较小，具短柄或无柄。花单独顶生或2～3朵组成稀疏的聚伞花序；苞片三裂；萼片金黄色，干时不变绿色，最外层的椭圆状卵形或倒卵形，顶端疏生三角形牙齿，间或生3

个小裂片,其他的椭圆状倒卵形或倒卵形,顶端圆形,生不明显的小牙齿;花瓣稍长于萼片或与萼片近等长,狭线形,顶端渐狭。蓇葖果具稍明显的脉网;种子近倒卵球形,黑色,光滑,具 4~5 棱角。6~7 月开花,8~9 月结果。

分布范围:分布于山西、河南北部、河北、内蒙古东部、辽宁和吉林的西部。安阳林州太行山区有分布,生于海拔 1 000 m 以上山地草坡或疏林下。

观赏价值:金莲花茎叶形态优美,花大色艳,均有较高的观赏效果,是很好的园林观赏植物。其可在园林假山和石沟缝处种植;还可在城市公共绿地上作为花带、花坛、花径的地被植物。也可作为盆栽植物布置于阳台、窗台、茶几等处均有较高的观赏效果。

其他用途:根、茎和果均入药;花和鲜嫩叶可作野菜食用,嫩梢、花蕾、新鲜种子可作食品调味料,绿色种荚可腌制泡菜;果可食及酿酒;种子可榨油。

十五、木通科 *Lardizabalaceae*

(一)木通属 *Akebia*

1. 三叶木通 *Akebia trifoliata*

别名:中华圣果、阴阳果、八月炸、八月瓜、拿藤、八月楂、甜果木通

形态特征:落叶木质藤本。茎皮灰褐色,有稀疏的皮孔及小疣点。掌状复叶互生或在短枝上的簇生;叶柄直;小叶 3 片,纸质或薄革质,卵形至阔卵形,先端通常钝或略凹入,具小凸尖,基部截平或圆形,边缘具波状齿或浅裂,上面深绿色,下面浅绿色;侧脉与网脉同在两面略凸起。总状花序自短枝上簇生叶中抽出,下部有雌花;总花梗纤细。雄花:花梗丝状;萼片 3,淡紫色,阔椭圆形或椭圆形;雄蕊离生,排列为杯状,花丝极短,药室在开花时内弯。雌花:花梗稍较雄花的粗;萼片 3,紫褐色,近圆形,先端圆而略凹入,开花时广展反折;心皮离生,圆柱形,直,柱头头状,具乳凸,橙黄色。果长圆形,直或稍弯,成熟时灰白略带淡紫色;种子极多数,扁卵形,种皮红褐色或黑褐色,稍有光泽。花期 4~5月,果期 7~8 月。

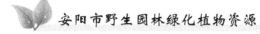

分布范围:产于河北、山西、山东、河南、陕西南部、甘肃东南部至长江流域各省区。安阳林州太行山区有分布,生于山地沟谷边疏林或丘陵灌丛中。

观赏价值:三叶木通叶、花、果均有观赏价值,春夏观花,秋季赏果,是一种很好的观赏植物。茎蔓缠绕、柔美多姿,花肉质色紫,花期持久,三五成簇,是优良的垂直绿化材料。在园林中常配植于花架、门廊或攀扶花格墙、栅栏之上,或匍匐岩隙翠竹之间,倍增野趣。

其他用途:根、茎和果均入药,果可食及酿酒,种子可榨油。

十六、小檗科 *Berberidaceae*

(一)淫羊藿属 *Epimedium*

1. 淫羊藿 *Epimedium brevicornu* Maxim.

别名:短角淫羊藿

形态特征:多年生草本,植株高可达 60 cm。根状茎粗短,木质化,暗棕褐色。二回三出复叶基生和茎生,具 9 枚小叶;基生叶 1～3 枚丛生,具长柄,茎生叶 2 枚,对生;小叶纸质或厚纸质,卵形或阔卵形,先端急尖或短渐尖,基部深心形,顶生小叶基部裂片圆形,近等大,侧生小叶基部裂片稍偏斜,急尖或圆形,上面常有光泽,网脉显著,背面苍白色,光滑或疏生少数柔毛,基出 7 脉,叶缘具刺齿;花茎具 2 枚对生叶,圆锥花序具多朵花,序轴及花梗被腺毛;花白色或淡黄色;萼片 2 轮,外萼片卵状三角形,暗绿色,内萼片披针形,白色或淡黄色;花瓣远较内萼片短,距呈圆锥状,瓣片很小。蒴果,宿存花柱喙状。花期 5～6 月,果期 6～8 月。

分布范围:产于陕西、甘肃、山西、河南、青海、湖北、四川。安阳林州太行山区有分布,生于林下、沟边灌丛中或山坡阴湿处。

观赏价值:可作园林观叶植物,可种植于林下半阴环境中。

其他用途:全草供药用。

(二)小檗属　*Berberis*

1. 首阳小檗　*Berberis dielsiana*

别名:黄檗刺

形态特征:落叶灌木,高 1 ~ 3 m。老枝灰褐色,具棱槽,疏生疣点,幼枝紫红色;茎刺单一,圆柱形;叶薄纸质,椭圆形或椭圆状披针形,先端渐尖或急尖,基部渐狭,上面暗绿色,中脉扁平,侧脉不显,背面初时灰色,微被白粉,后呈绿色,中脉微隆起,侧脉微显,两面无网脉,无毛,叶缘平展,每边具刺齿,幼枝叶全缘。总状花序具;花黄色;小苞片披针形,红色;萼片 2 轮,外萼片长圆状卵形,先端急尖,内萼片倒卵形;花瓣椭圆形,先端缺裂,基部具 2 枚分离腺体。浆果长圆形,红色,顶端不具宿存花柱,不被白粉。花期 4 ~ 5 月,果期 8 ~ 9 月。

分布范围:产于陕西、河南、河北、甘肃、山西、山东、湖北。安阳林州太行山区有分布,生于山坡、山谷灌丛中、山沟溪旁或林中。

观赏价值:可作园林绿化灌木。

其他用途:根可入药。

十七、防己科　*Menispermaceae*

(一)蝙蝠葛属　*Menispermum*

1. 蝙蝠葛　*Menispermum dauricum*

别名:北豆根

形态特征:草质落叶藤本,根状茎褐色,垂直生,茎自位于近顶部的侧芽生出,一年生茎纤细,有条纹,无毛。叶纸质或近膜质,轮廓通常为心状扁圆形,边缘有 3 ~ 9 角或 3 ~ 9 裂,很少近全缘,基部心形至近截平,两面无毛,下面有白粉;掌状脉在背面凸起;叶柄有条纹。圆锥花序单生或有时双生,有细长的总梗,花密集成稍疏散,花梗纤细;雄花:萼片 4 ~ 8,膜质,绿黄色,倒披针形至倒卵状椭圆形,自外至内渐大;花瓣肉质,凹成兜状,有短爪。核果紫黑色。花期 6 ~ 7 月,果期 8 ~ 9 月。

分布范围:产于我国东北部、北部和东部等地区。安阳林州太行山区有分布,常生于路边灌丛或疏林中。

观赏价值:蝙蝠葛叶色光亮,枝叶浓密,为很好的园林小型篱垣攀缘植物,园林应用中可种植在山石、墙垣、墙柱、林下等处,让其自行攀附蔓延。也可用作半阴地的地被植物,绿化效果明显。

其他用途:根茎入药。

十八、木兰科 *Magnoliaceae*

(一)五味子属 *Schisandra*

1. 华中五味子 *Schisandra sphenanthera*

别名:南五味子

形态特征:落叶木质藤本,全株无毛。芽具数个覆瓦状鳞片,冬芽、芽鳞具长缘毛,先端无硬尖。小枝长,红褐色,距状短枝或伸长,具颇密而凸起的皮孔。单叶互生,叶纸质,倒卵形、宽倒卵形,或倒卵状长椭圆形,先端短急尖或渐尖,基部楔形或阔楔形,干膜质边缘至叶柄成狭翅,上面深绿色,下面淡灰绿色,有白色点,中部以上边缘具疏离、胼胝质齿尖的波状齿,上面中脉稍凹入,侧脉每边 4~5 条,网脉密致,干时两面不明显凸起;叶柄红色。花生于近基部叶腋,花梗纤细,基部膜质苞片,花被片 5~9,橙黄色,近相似,椭圆形或长圆状倒卵形,具缘毛,背面有腺点。雄花:雄蕊群倒卵圆形;花托圆柱形,顶端伸长,无盾状附属物;雌花:雌蕊群卵球形,雌蕊多枚,子房近镰刀状椭圆形。聚合果,具梗,成熟小浆红色,具短柄;种子长圆体形或肾形,种皮褐色光滑,或仅背面微皱。花期 4~7 月,果期 7~9 月。

分布范围:产于山西、陕西、甘肃、华中、华东、西南等地区。安阳林州太行山区有分布,生于海拔 800 m 以上的湿润山坡边或灌丛中。

观赏价值:其叶色光亮,枝繁叶茂,果色红艳,为很好的立体绿化植物。可广泛应用于园林垂直绿化。

其他用途:果供药用,为五味子代用品;种子榨油可制肥皂或作润滑油。

十九、罂粟科　*Papaveraceae*

(一)秃疮花属　*Dicranostigma*

1. 秃疮花　*Dicranostigma leptopodum*

别名:秃子花、勒马回

形态特征:通常为多年生草本,高可达80 cm,全体含淡黄色液汁,被短柔毛。主根圆柱形。茎多,绿色,具粉,上部具多数等高的分枝。基生叶丛生,叶片狭倒披针形,羽状深裂,裂片4~6对,再次羽状深裂或浅裂,小裂片先端渐尖,顶端小裂片3浅裂,表面绿色,背面灰绿色,疏被白色短柔毛;叶柄条形,疏被白色短柔毛,具数条纵纹;茎生叶少数,生于茎上部,羽状深裂、浅裂或二回羽状深裂,裂片具疏齿,先端三角状渐尖;无柄。花1~5朵于茎和分枝先端排列成聚伞花序;花梗无毛;具苞片。花芽宽卵形;萼片卵形,先端渐尖成距,距末明显扩大成匙形,无毛或被短柔毛;花瓣倒卵形至回形,黄色;雄蕊多数,花丝丝状,花药长圆形,黄色;子房狭圆柱形,绿色,密被疣状短毛,花柱短,柱头2裂,直立。蒴果线形,绿色,无毛,2瓣自顶端开裂至近基部。种子卵珠形,红棕色,具网纹。花期3~5月,果期6~7月。

分布范围:产于我国西南、西北及陕西、山西、河北和河南等地。安阳市广为分布,生于草坡或路旁、田埂、墙头等。

观赏价值:其花色黄艳,可作早春观花植物。

其他用途:根及全草药用。

(二)紫堇属　*Corydalis*

1. 紫堇　*Corydalis edulis*

别名:闷头花

形态特征:一年生灰绿色草本,高可达50 cm,具主根。茎分枝,具叶;花枝花葶状,常与叶对生。基生叶具长柄,叶片近三角形,上面绿色,下面苍白色,1~2回羽状全裂,一羽片2~3对,具短柄,二回羽片近无柄,倒卵圆形,羽状分裂,裂片狭卵圆形,顶端钝,近具短尖。茎生叶与基生叶同形。总状花序疏具3~10花。苞片狭卵圆形至披针形,渐尖,全缘。萼片小,近圆形,具齿。花粉红色至紫红色,平展。外花瓣较宽展,顶端微凹,无鸡冠状突起。上花瓣距圆筒形,基部稍下弯,约占花瓣全长的1/3。下花瓣近基部渐狭。内花瓣具鸡冠状突起;爪纤细,稍长于瓣片。柱头横向纺锤形,两端各具1乳突,上面具沟槽,槽内具极细小的乳突。蒴果线形,下垂,具1列种子。种子密生环状小凹点。花期4~7月,果期6~8月。

分布范围:产于辽宁、北京、河北、山西、华中、华东、西南等省区。安阳市有分布,生于沟边或多石地。

观赏价值:紫堇为早春观花观叶植物,喜阴,可种植于林下作地被植物。

其他用途:全草药用。

二十、十字花科 *Brassicaceae*

(一)碎米荠属 *Cardamine*

1. 大叶碎米荠 *Cardamine macrophylla*

别名:华中碎米荠、钝圆碎米荠、重齿碎米荠、多叶碎米荠

形态特征:多年生草本。根状茎匍匐延伸,密被纤维状的须根。茎较粗壮,圆柱形,直立,有时基部倾卧,不分枝或上部分枝,表面有沟棱。茎生叶通常4~5枚,有叶柄;小叶4~5对,顶生小叶与侧生小叶的形状及大小相似,小叶椭圆形或卵状披针形,顶端钝或短渐尖,边缘具比较整齐的锐锯齿或钝锯齿,顶生小叶基部楔形,无小叶柄,侧生小叶基部稍不等,生于最上部的1对小叶基部常下延,生于最下部的1对有时有极短的柄;小叶上面毛少、下面散生短柔毛,有时两面均无毛。总状花序多花;外轮萼片淡红色,长椭圆形,边缘膜质,外面有毛或无毛,内轮萼片基部囊状;花瓣淡紫色、紫红色,少有白色,倒卵形,顶端圆或微凹,向基部渐狭成爪。长角果扁平;果瓣平坦无毛,有时带紫色,花柱很短,柱头微凹;果梗直立开展。种子椭圆形,褐色。花期5~6月,果期7~8月。

分布范围:产于内蒙古、河北、山西、湖北、陕西、甘肃、青海、四川、贵州、云南、西藏等省区。安阳林州太行山区有分布,生于海拔1 000 m

以上山坡灌木林下、沟边、石隙、高山草坡水湿处。

观赏价值：可作园林观赏植物。

其他用途：全草药用，嫩苗可食用，亦为良好的饲料。

（二）诸葛菜属 *Orychophragmus*

1. 诸葛菜 *Orychophragmus violaceus*

别名：二月兰、紫金菜、菜子花、短梗南芥

形态特征：一年或二年生草本，高可达50 cm，无毛；茎单一，直立，基部或上部稍有分枝，浅绿色或带紫色。基生叶及下部茎生叶大头羽状全裂，顶裂片近圆形或短卵形，顶端钝，基部心形，有钝齿，侧裂片卵形或三角状卵形，越向下越小，偶在叶轴上杂有极小裂片，全缘或有牙齿，叶柄疏生细柔毛；上部叶长圆形或窄卵形，顶端急尖，基部耳状，抱茎，边缘有不整齐牙齿。花紫色、浅红色或褪成白色；花萼筒状，紫色；花瓣宽倒卵形，密生细脉纹。长角果线形，具4棱，裂瓣有1凸出中脊。种子卵形至长圆形，黑棕色，有纵条纹。花期4～5月，果期5～6月。

分布范围：产于辽宁、河北、北京、山西、陕西、河南、华中、华东等地区。安阳市有分布，生在平原、山地、路旁或地边。

观赏价值：诸葛菜为早春观花地被植物。园林应用中可成片植于林下、树池、篱边、路旁、草地、花坛、假山石周围等，具有很好的观赏效果。

其他用途：嫩茎叶作为野菜食用。种子可榨油。

二十一、景天科　*Crassulaceae*

（一）瓦松属 *Orostachys*

1. 瓦松 *Orostachys fimbriatus*

别名：流苏瓦松、瓦花、瓦塔、狗指甲

形态特征：二年生肉质草本。一年生莲座丛的叶短；莲座叶线形，先端增大，为白色软骨质，半圆形，有齿；二年生花茎一般高可达20 cm；叶互生，疏生，有刺，线形至披针形。花序总状，紧密，或下部分枝，可呈金字塔形；苞片线状渐尖；萼片5，长圆形；花瓣5，红色，披针状椭

圆形,先端渐尖;雄蕊10,与花瓣同长或稍短,花药紫色;鳞片5,近四方形,先端稍凹。蓇葖5,长圆形,喙细;种子多数,卵形,细小。花期8~9月,果期9~10月。

分布范围:产于东北、西北、华北、华东、华中等地区。安阳市有分布,生于山坡石上或屋瓦上。

观赏价值:瓦松是优良的园林观赏植物,其小巧玲珑,肉质别致,园林应用中可种植于花坛、花架、山石景观、屋顶等,也可盆栽观赏,观赏效果极佳。

其他用途:全草药用。

(二)景天属 *Sedum*

1. **费菜** *Phedimus aizoon*

别名:土三七、三七景天、景天三七、养心草

形态特征:多年生肉质草本。根状茎短,粗茎高可达50 cm,有1~3条茎,直立,无毛,不分枝。叶互生,狭披针形、椭圆状披针形至卵状倒披针形,先端渐尖,基部楔形,边缘有不整齐的锯齿;叶坚实,近革质。聚伞花序有多花,水平分枝,平展,下托以苞叶。萼片5,线形,肉质,不等长,先端钝;花瓣5,黄色,长圆形至椭圆状披针形,有短尖;雄蕊10,较花瓣短;鳞片5,近正方形,心皮5,卵状长圆形,基部合生,腹面凸出,花柱长钻形。蓇葖星芒状排列;种子椭圆形。花期6~7月,果期8~9月。

分布范围:产于东北、华北、西北、华中、华东、西南等地。安阳太行山区有分布。

观赏价值:费菜株丛茂密,枝翠叶绿,花色金黄,管理粗放,适应性强,为优良的园林绿化地被植物,也可盆栽观赏。

其他用途:根或全草药用。

2. **垂盆草** *Sedum sarmentosum*

别名:三叶佛甲草

形态特征:多年生肉质草本。全株无毛。茎纤细,簇生,多匍匐,匍匐而节上生不定根。3叶轮生,叶倒披针形至长圆形,先端近急尖,基

部急狭,无柄,基部有距。聚伞花序,有 3~5 分枝,花少,宽 5~6 cm;花无梗;萼片 5,披针形至长圆形,先端钝,基部无距;花瓣 5,黄色,披针形至长圆形,先端有稍长的短尖;雄蕊 10,较花瓣短;鳞片 10,楔状四方形,先端稍有微缺;心皮 5,长圆形,略叉开,有长花柱。蓇葖果,种子卵圆形。花期 5~7 月,果期 8 月。

分布范围:产于华东、华中、西北、东北、华北等地区。安阳太行山区有分布,生于海拔 1 600 m 以下山坡阳处或石上。

观赏价值:垂盆草为优良园林肉质植物,可盆栽或室内吊挂栽培观赏,也可作为草坪草进行地被、花坛、造型花架等种植应用,耐粗放管理,观赏效果好。

其他用途:全草药用。

二十二、虎耳草科　*Saxifragaceae*

(一)落新妇属　*Astilbe*

1.落新妇　*Astilbe chinensis*

别名:红升麻、金毛狗、阴阳虎、金毛三七、术活、小升麻

形态特征:多年生草本植物,高可达 80 cm。根状茎粗长,下生褐色须根。茎直立,被毛。基生叶为二至三回三出羽状复叶;顶生小叶片菱状椭圆形,侧生小叶片卵形至椭圆形,先端短渐尖至急尖,边缘有重锯齿,基部楔形、浅心形至圆形,腹面沿脉生硬毛,背面沿脉疏生硬毛和小腺毛;叶轴仅于叶腋部具褐色柔毛;茎生叶 2~3,较小。圆锥花序顶生;花序轴密被褐色卷曲长柔毛;苞片卵形,几无花梗;花密集;萼片 5,卵形,两面无毛,边缘中部以上生微腺毛;花瓣 5,淡紫色至紫红色,线形,单脉;雄蕊 10;心皮 2,仅基部合生。蒴果;种子褐色。花果期 6~9 月。

分布范围:产于东北、华北、西北、华东、华中、西南等地。安阳林州太行山区有分布。生于海拔 800 m 以上的山谷、溪边、林下等处。

观赏价值:为优良的园林观花植物,花色美丽,株型纯朴典雅。可作切花或盆栽。也可地栽丛植、片植于林缘、墙根、湖畔,也可作花坛和花境材料。矮生类型可布置岩石园、盆栽和切花观赏。

其他用途:根状茎、茎、叶含鞣质,可提制栲胶;根状茎入药。

(二)山梅花属 *Philadelphus*

1. 太平花 *Philadelphus pekinensis*

别名:太平瑞圣花、白花结

形态特征:落叶灌木,茎直立,分枝较多;小枝对生无毛。单叶对生,叶卵形或阔椭圆形,先端长渐尖,基部阔楔形或楔形,边缘具锯齿,两面无毛,稀仅下面脉腋被白色长柔毛;叶脉离基出3～5条;花枝上叶较小,椭圆形或卵状披针形;叶柄无毛。总状花序;花萼黄绿色,外面无毛,裂片卵形,先端急尖,干后脉纹明显;花冠盘状;花瓣白色,倒卵形;花柱纤细,先端稍分裂,柱头棒形或槌形,常较花药小。蒴果近球形或倒圆锥形,宿存萼裂片近顶生;种子具短尾。花期5～7月,果期8～10月。

分布范围:产于内蒙古、辽宁、河北、河南、山西、陕西、湖北。安阳林州太行山区有分布,生于海拔700 m以上山坡杂木林中或灌丛中。

观赏价值:太平花枝叶繁茂,花簇紧密,花色洁白,芳香美丽,花期较长,为优良的春季观赏花木。可孤植观赏,也可丛植于林缘、路旁和墙垣,还可作自然式花篱或大型花坛的中心栽植材料,均有很好的园林绿化效果。

其他用途:根入药。

(三)溲疏属 *Deutzia*

1. 大花溲疏 *Deutzia grandiflora*

别名:华北溲疏

形态特征:落叶灌木,高约2 m;老枝紫褐色或灰褐色,无毛,表皮片状脱落;花枝开始极短,以后延长,具2～4叶,黄褐色,被具中央长辐线星状毛。单叶对生,叶纸质,卵状菱形或椭圆状卵形,先端急尖,基部楔形或阔楔形,边缘具大小相间或不整齐锯齿,上面被星状毛,下面灰白色,被星状毛,沿叶脉具中央长辐线,侧脉每边5～6条;叶柄被星状毛。聚伞花序顶生,具花1～3朵;花蕾长圆形;花梗被星状毛;萼筒浅杯状,密被灰黄色星状毛,有时具中央长辐线,裂片线状披针形,较萼筒长,被毛较稀疏;花瓣白色,长圆形或倒卵状长圆形,先端圆形,中部以下收狭,外面被星状毛,花蕾时内向镊合状排列;外轮雄蕊花丝先端2齿,齿平展或下弯成钩状,花药卵状长圆形,具短柄,内轮雄蕊较短,形状与外轮相同;花柱3,约与外轮雄蕊等长。蒴果半球形,被星状毛,具宿存萼裂片外弯。花期4~6月,果期9~11月。

分布范围:产于东北南部和北京、河北、山西、陕西、甘肃、山东、江苏、河南、湖北等省区。安阳林州太行山区有分布,生于海拔800 m以上山坡杂木林中或灌丛中。

观赏价值:大花溲疏花色洁白,淡雅素丽,为春季观花植物,是园林绿化的好材料。在园林绿化应用中,大花溲疏可孤植,可丛植点缀于林缘、草坪,可带植作花篱,也可片植成林,均有很好的观赏效果。花枝可瓶插观赏。

其他用途:果可入药。

(四)独根草属 *Oresitrophe*

1. 独根草 *Oresitrophe rupifraga*

别名:爬山虎、山苞草、小岩花、岩花

形态特征:独根草为多年生草本,高20 cm左右。根状茎粗壮,被有鳞片。叶均基生,2~3枚;叶片心形至卵形,先端短渐尖,边缘具不规则齿牙,基部心形,腹面近无毛,背面和边缘具腺毛,具叶柄。叶片初生期间颜色为红褐色,然后随着叶片逐渐伸展则慢慢变为绿色。多歧聚伞花序圆锥状,密被腺毛;花瓣状萼片卵形至狭卵形,5~7片,花瓣缺失。先花后叶,花开初期花萼多为粉红色或白色,花蕊多为紫色,后期花萼多转为淡绿色或者鹅黄色。蒴果革质。花果期5~9月。

分布范围:产于辽宁、北京、河北、山西、河南等省区。安阳林州太行山区有分布,生于海拔1 000 m左右悬崖的阴湿石隙。

观赏价值:独根草花色美丽,可供栽培观赏。

其他用途:具有较高的科研价值。

二十三、蔷薇科 *Rosaceae*

(一)桃属 *Amygdalus*

1. 山桃 *Amygdalus davidiana*

别名:苦桃、野桃、山毛桃、桃花

形态特征:落叶乔木,高可达 10 m;树冠开展,树皮暗紫色,光滑;小枝细长,直立,幼时无毛,老时褐色。叶片卵状披针形,先端渐尖,基部楔形,两面无毛,叶边具细锐锯齿;叶柄无毛,常具腺体。花单生,先于叶开放;花梗极短或几无梗;花萼无毛;萼筒钟形;萼片卵形至卵状长圆形,紫色,先端圆钝;花瓣倒卵形或近圆形,粉红色,先端圆钝,稀微凹;雄蕊多数,几与花瓣等长或稍短;子房被柔毛,花柱长于雄蕊或近等长。果实近球形,淡黄色,外面密被短柔毛,果梗短而深入果洼;果肉薄而干,不可食,成熟时不开裂;核球形或近球形,两侧不压扁,顶端圆钝,基部截形,表面具纵、横沟纹和孔穴,与果肉分离。花期 3～4 月,果期 7～8 月。

分布范围:产于山东、河北、河南、山西、陕西、甘肃、四川、云南等地。安阳太行山区有分布,生于山坡、山谷沟底。

观赏价值:为传统园林观赏植物。

其他用途:木材质硬,可作各种细工及手杖;果核可做玩具或念珠;种仁可榨油供食用;抗旱、耐寒,可作桃、梅、李等果树的砧木。

(二)杏属 *Armeniaca*

1. 山杏 *Armeniaca sibirica*

别名:西伯日-归勒斯、西伯利亚杏

形态特征:落叶灌木或小乔木,高 2～5 m;树皮暗灰色;小枝无毛,稀幼时疏生短柔毛,灰褐色或淡红褐色。叶片卵形或近圆形,先端长渐尖至尾尖,基部圆形至近心形,叶边有细钝锯齿,两面无毛,稀下面脉腋间具短柔毛;叶柄无毛,有或无小腺体。花单生,先于叶开放;花萼紫红色;萼筒钟形,基部微被短柔毛或无毛;萼片长圆状椭圆形,先端尖,花后反折;花瓣近圆形或倒卵形,白色或粉红色;雄蕊几与花瓣近等长;子

房被短柔毛。果实扁球形,黄色或橘红色,有时具红晕,被短柔毛;果肉较薄而干燥,成熟时开裂,味酸涩不可食,成熟时沿腹缝线开裂;核扁球形,易与果肉分离,两侧扁,顶端圆形,基部一侧偏斜,不对称,表面较平滑,腹面宽而锐利;种仁味苦。花期3~4月,果期6~7月。

分布范围:产于东北、北京、甘肃、河北、山西等地。安阳林州太行山区有分布,生于干燥向阳山坡上,或与落叶乔灌木混生。

观赏价值:可做早春园林观花植物。

其他用途:山杏耐寒又抗旱,可作砧木,是选育耐寒杏品种的优良原始材料;种仁供药用;种仁可榨油。

(三)樱属　*Cerasus*

1. 欧李　*Cerasus humilis*

别名:酸丁、乌拉奈

形态特征:灌木。小枝灰褐色或棕褐色,被短柔毛。冬芽卵形,疏被短柔毛或几无毛。叶片倒卵状长椭圆形或倒卵状披针形,中部以上最宽,先端急尖或短渐尖,基部楔形,边有单锯齿或重锯齿,上面深绿色,无毛,下面浅绿色,无毛或被稀疏短柔毛,侧脉6~8对;叶柄无毛或被稀疏短柔毛;托叶线形,边有腺体。花单生或2~3花簇生,花叶同开;花梗被稀疏短柔毛;萼筒长宽近相等,外面被稀疏柔毛,萼片三角卵圆形,先端急尖或圆钝;花瓣白色或粉红色,长圆形或倒卵形;雄蕊多枚;花柱与雄蕊近等长,无毛。核果成熟后近球形,红色或紫红色;核表面除背部两侧外无棱纹。花期4~5月,果期6~10月。

分布范围:产于东北、河北、山东、河南等地。安阳林州太行山区有分布,生于阳坡山地灌丛中。

观赏价值:欧李株丛小,花朵密集,十分美观,为优良园林观赏植物,可在公园、庭院、绿地、街道、通道两旁等地栽植花坛或者花篱,能够形成春天观花、夏天赏叶、秋天品果的环境效果。

其他用途:种仁入药,作郁李仁;果可食。

（四）栒子属 *Cotoneaster*

1. 水栒子 *Cotoneaster multiflorus*

别名：香李、灰栒子、多花灰栒子、多花栒子、栒子木

形态特征：落叶灌木，高达 4 m；枝条细瘦，常呈弓形弯曲，小枝圆柱形，红褐色或棕褐色，无毛，幼时带紫色，具短茸毛，不久脱落。叶片卵形或宽卵形，先端急尖或圆钝，基部宽楔形或圆形，上面无毛，下面幼时稍有茸毛，后渐脱落；叶柄幼时有柔毛，以后脱落；托叶线形，疏生柔毛，脱落。花多数，成疏松的聚伞花序，总花梗和花梗无毛，稀微具柔毛；苞片线形，无毛或微具柔毛；花萼筒钟状，内外两面均无毛；萼片三角形，先端急尖，通常除先端边缘外，内外两面均无毛；花瓣平展，近圆形，先端圆钝或微缺，基部有短爪，内面基部有白色细柔毛，白色；雄蕊稍短于花瓣；花柱通常 2，离生，比雄蕊短；子房先端有柔毛。果实近球形或倒卵形，红色。花期 5～6 月，果期 8～9 月。

分布范围：产于东北、华北、西北、西南等地区。安阳林州太行山区有分布，生于海拔 1 000 m 以上山坡、山沟及丛林中。

观赏价值：水栒子生长旺盛，夏季密着白花，秋季结红色果实，经久不凋，为优秀的园林观赏植物。

其他用途：近年试作苹果砧木，有矮化之效。

（五）山楂属 *Crataegus*

1. 山楂 *Crataegus pinnatifida*

别名：山里红、红果、棠棣、绿梨、酸楂

形态特征：落叶乔木，高达 6 m，树皮粗糙，暗灰色或灰褐色；有长刺，有时无刺；小枝圆柱形，当年生枝紫褐色，无毛或近于无毛，疏生皮孔，老枝灰褐色；冬芽三角卵形，先端圆钝，无毛，紫色。叶片宽卵形或三角状卵形，稀菱状卵形，先端短渐尖，基部截形至宽楔形，通常两侧各有 3～5 羽状深裂片，裂片卵状披针形或带形，先端短渐尖，边缘有尖锐稀疏不规则重锯齿，上面暗绿色有光泽，下面沿叶脉有疏生短柔毛或在脉腋有髯毛，侧脉 6～10 对，有的达到裂片先端，有的达到裂片分裂处；叶柄无毛。伞房花序具多花，总花梗和花梗均被柔毛，花后脱落，减少；

花萼筒钟状,外面密被灰白色柔毛;萼片三角卵形至披针形,先端渐尖,全缘,约与萼筒等长,内外两面均无毛,或在内面顶端有髯毛;花瓣倒卵形或近圆形,白色;雄蕊20,短于花瓣,花药粉红色;花柱3~5,基部被柔毛,柱头头状。果实近球形或梨形,深红色,有浅色斑点;小核3~5,外面稍具棱,内面两侧平滑。花期5~6月,果期9~10月。

分布范围:产于东北、华北、河南、山东、山西、陕西、江苏等地。安阳林州太行山区有分布,生于山坡林边或灌木丛中。

观赏价值:传统园林观赏植物。夏季密着白花,秋季结红色果实,经久不凋,为优秀的园林观赏植物。

其他用途:果可生吃或作果酱果糕;果干制后入药。

(六)苹果属　*Malus*

1. 河南海棠　*Malus honanensis*

别名:山里锦、冬绿茶、牧孤梨、大叶毛楂

形态特征:灌木或小乔木,高达7 m;小枝细弱,圆柱形,嫩时被稀疏茸毛,不久脱落,老枝红褐色,无毛,具稀疏褐色皮孔;冬芽卵形,先端钝,鳞片边缘被长柔毛,红褐色。叶片宽卵形至长椭卵形,先端急尖,基部圆形、心形或截形,边缘有尖锐重锯齿,两侧浅裂,裂片宽卵形,先端急尖,两面具柔毛,上面不久脱落;叶柄被柔毛;托叶膜质,线状披针形,早落。伞形总状花序,具花5~10朵,嫩时被柔毛,不久脱落;花萼筒外被稀疏柔毛;萼片三角卵形,先端急尖,全缘,外面无毛,内面密被长柔毛,比萼筒短;花瓣卵形,基部近心形,有短爪,两面无毛,粉白色。果实近球形,黄红色,萼片宿存。花期5月,果期8~9月。

分布范围:产于河南、河北、山西、陕西、甘肃等省区。安阳林州太行山区有分布,生于海拔1 000 m左右生山谷或山坡丛林中。

观赏价值:夏季密着白花,秋季结红色果实,经久不凋,为优秀的园林观赏植物。

其他用途:可做苹果属果树砧木;果可制果干和果脯、酿酒、制酱、制醋等。

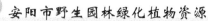

（七）委陵菜属　*Potentilla*

1. 委陵菜　*Potentilla chinensis*

别名：天青地白、扑地虎、生血丹、一白草、二岐委陵菜

形态特征：多年生草本。根粗壮，圆柱形，稍木质化。花茎直立或上升，被稀疏短柔毛及白色绢状长柔毛。基生叶为羽状复叶，叶柄被短柔毛及绢状长柔毛；小叶片对生或互生，上部小叶较长，向下逐渐减小，无柄，长圆形、倒卵形或长圆披针形，边缘羽状中裂，裂片三角卵形，三角状披针形或长圆披针形，顶端急尖或圆钝，边缘向下反卷，上面绿色，被短柔毛或脱落几无毛，中脉下陷，下面被白色茸毛，沿脉被白色绢状长柔毛，茎生叶与基生叶相似，唯叶片对数较少；基生叶托叶近膜质，褐色，外面被白色绢状长柔毛，茎生叶托叶草质，绿色，边缘锐裂。伞房状聚伞花序，花梗基部有披针形苞片，外面密被短柔毛；花萼片三角卵形，顶端急尖，副萼片带形或披针形，顶端尖；花瓣黄色，宽倒卵形，顶端微凹，比萼片稍长；花柱近顶生，基部微扩大，稍有乳头或不明显，柱头扩大。瘦果卵球形，深褐色，有明显皱纹。花果期4～10月。

分布范围：产于东北、华北、华中、华东、西北、西南等地区。安阳林州太行山区有分布，生于山坡草地、沟谷、林缘、灌丛或疏林下。

观赏价值：可作园林观花植物。

其他用途：其根含鞣质，可提制栲胶；全草入药；嫩苗可食并可做猪饲料。

2. 莓叶委陵菜　*Potentilla fragarioides*

别名：毛猴子、雉子筵

形态特征：多年生草本。根极多，簇生。花茎多数，丛生，上升或铺散，被开展长柔毛。基生叶羽状复叶，有小叶2～3对，叶柄被开展疏柔毛，小叶有短柄或几无柄；小叶片倒卵形、椭圆形或长椭圆形，顶端圆钝或急尖，基部楔形或宽楔形，边缘有多数急尖或圆钝锯齿，近基部全缘，两面绿色，被平铺疏柔毛，下面沿脉较密，锯齿边缘有时密被缘毛；茎生叶，常有3小叶，小叶与基生叶小叶相似或长圆形顶端有锯齿而下半部全缘，叶柄短或几无柄；基生叶托叶膜质，褐色，外面有稀疏开展长柔毛，茎生叶托叶草质，绿色，卵形，全缘，顶端急尖，外被平铺疏柔毛。伞房状聚伞花序顶生,多花,松散,花梗纤细,外被疏柔毛;花萼片三角卵形,顶端急尖至渐尖,副萼片长圆披针形,顶端急尖,与萼片近等长或稍短;花瓣黄色,倒卵形,顶端圆钝或微凹;花柱近顶生,上部大,基部小。成熟瘦果近肾形,表面有脉纹。花期4~6月,果期6~8月。

分布范围:产于东北、华北、西北、华东、华中、西南等地区。安阳林州太行山区有分布,生于地边、沟边、草地、灌丛及疏林下。

观赏价值:莓叶委陵菜是一种很好的地被植物,其植株较矮,春花植物,叶色深绿,叶形美观,适宜在城市公园、广场等绿地片植,也可布置花坛和花境,或植于路边、疏林、草坪中。

(八)李属　*Prunus*

1.杜梨　*Pyrus betulifolia*

别名:灰梨、野梨子、海棠梨、土梨、棠梨

形态特征:乔木,高达10 m,树冠开展,枝常具刺;小枝嫩时密被灰白色茸毛,二年生枝条具稀疏茸毛或近于无毛,紫褐色;冬芽卵形,先端渐尖,外被灰白色茸毛。叶片菱状卵形至长圆卵形,先端渐尖,基部宽楔形,稀近圆形,边缘有粗锐锯齿,幼叶上下两面均密被灰白色茸毛,成长后脱落,老叶上面无毛而有光泽,下面微被茸毛或近于无毛;叶柄被灰白色茸毛;托叶膜质,线状披针形,两面均被茸毛,早落。伞形总状花序,总花梗和花梗均被灰白色茸毛;苞片膜质,线形,两面均微被茸毛,早落;花萼筒外密被灰白色茸毛;萼片三角卵形,先端急尖,全缘,内外两面均密被茸毛,花瓣宽卵形,先端圆钝,基部具有短爪。白色;雄蕊20,花药紫色,长约花瓣之半;花柱2~3,基部微具毛。果实近球形,褐色,有淡色斑点,萼片脱落,基部具带茸毛果梗。花期4月,果期8~9月。

分布范围:产于辽宁以南至长江流域。安阳林州太行山区有分布,生于山坡阳处。

观赏价值:杜梨不仅生性强健,对水肥要求也不严,其树形优美,花色洁白,可用于街道庭院及公园的绿化树。

其他用途:其抗干旱,耐寒凉,通常作各种栽培梨的砧木;木材致

密,可作各种器物;树皮含鞣质,可提制栲胶并入药。

(九)蔷薇属 *Rosa*

1. 黄刺玫 *Rosa xanthina*

别名:黄刺莓、黄刺梅

形态特征:直立灌木,高 2 ~ 3 m;枝粗壮,密集,披散;小枝无毛,有散生皮刺,无针刺。小叶 7 ~ 13;小叶片宽卵形或近圆形,稀椭圆形,先端圆钝,基部宽楔形或近圆形,边缘有圆钝锯齿,上面无毛,幼嫩时下面有稀疏柔毛,逐渐脱落;叶轴、叶柄有稀疏柔毛和小皮刺;托叶带状披针形,大部贴生于叶柄,离生部分呈耳状,边缘有锯齿和腺。花单生于叶腋,重瓣或半重瓣,黄色,无苞片;花梗无毛,无腺;萼筒、萼片外面无毛,萼片披针形,全缘,先端渐尖,内面有稀疏柔毛,边缘较密;花瓣黄色,宽倒卵形,先端微凹,基部宽楔形;花柱离生,被长柔毛,稍伸出萼筒口外部,比雄蕊短很多。果近球形或倒卵圆形,紫褐色或黑褐色,无毛,花后萼片反折。花期 4 ~ 6 月,果期 7 ~ 8 月。

分布范围:东北、华北各地庭园习见栽培,安阳林州太行山区有分布。

观赏价值:早春观花灌木。

其他用途:果实可食、制果酱;花可提取芳香油;花、果药用。

(十)地榆属 *Sanguisorba*

1. 地榆 *Sanguisorba officinalis*

别名:一串红、山枣子、玉札、黄爪香、豚榆系

形态特征:多年生草本。根粗壮,多呈纺锤形,稀圆柱形,表面棕褐色或紫褐色,有纵皱及横裂纹,横切面黄白或紫红色,较平正。茎直立,有棱,无毛或基部有稀疏腺毛。基生叶为羽状复叶,叶柄无毛或基部有稀疏腺毛;小叶片有短柄,卵形或长圆状卵形,顶端圆钝稀急尖,基部心形至浅心形,边缘有多数粗大圆钝稀急尖的锯齿,两面绿色,无毛;茎生叶较少,小叶片有短柄至几无柄,长圆形至长圆披针形,狭长,基部微心形至圆形,顶端急尖;基生叶托叶膜质,褐色,外面无、毛或被稀疏腺毛,

茎生叶托叶大,草质,半卵形,外侧边缘有尖锐锯齿。穗状花序椭圆形、圆柱形或卵球形,直立,从花序顶端向下开放;萼片4枚,紫红色,椭圆形至宽卵形,背面被疏柔毛,中央微有纵棱脊,顶端常具短尖头。果实包藏在宿存萼筒内,外面有斗棱。花果期7～10月。

分布范围:产于东北、华北、西北、华东、西南、中南等地区。安阳林州太行山区有分布,生于山坡草地、灌丛中、疏林下。

观赏价值:可作园林观赏植物。

其他用途:根入药;可提制栲胶;嫩叶可食,又作代茶饮。

(十一)绣线菊属　*Spiraea*

1.三裂绣线菊　*Spiraea trilobata*

别名:三裂叶绣线菊、团叶绣球、三桠绣球、硼子、石棒子

形态特征:落叶灌木;小枝细瘦,开展,稍呈之字形弯曲,嫩时褐黄色,无毛,老时暗灰褐色;冬芽小,宽卵形,先端钝,无毛,外被数个鳞片。叶片近圆形,先端钝,常3裂,基部圆形、楔形或亚心形,边缘自中部以上有少数圆钝锯齿,两面无毛,下面色较浅,基部具显著3～5脉。伞形花序具总梗,无毛,有花多数;花梗无毛;苞片线形或倒披针形,上部深裂成细裂片;花萼筒钟状,外面无毛,内面有灰白色短柔毛;萼片三角形,先端急尖,内面具稀疏短柔毛;花瓣宽倒卵形,先端常微凹。蓇葖果开张,仅沿腹缝微具短柔毛或无毛,花柱顶生稍倾斜,具直立萼片。花期5～6月,果期7～8月。

分布范围:产于东北、山东、山西、河北、河南、安徽、陕西、甘肃等省区。安阳林州太行山区有分布,生于岩石向阳坡地或灌木丛中。

观赏价值:庭园习见栽培,供观赏。其树姿优美,枝叶繁密,花朵小巧密集,布满枝头,可形成一条条拱形的花带,宛如积雪。宜在绿地中丛植或孤植,栽于庭院、公园、街道、山坡、小路两旁、草坪边缘,也可用作花篱、花径,是园林绿化中优良的观花观叶树种。

其他用途:鞣料植物,根茎含单宁。叶、果实入药。

2.华北绣线菊　*Spiraea fritschiana*

别名:弗氏绣线菊

形态特征:落叶灌木;枝条粗壮,小枝具明显棱角,有光泽,嫩枝无毛或具稀疏短柔毛,紫褐色至浅褐色;冬芽卵形,先端渐尖或急尖,有数枚外露褐色鳞片,幼时具稀疏短柔毛。叶片卵形、椭圆卵形或椭圆长圆形,先端急尖或渐尖,基部宽楔形,边缘有不整齐重锯齿或单锯齿,上面深绿色,无毛,稀沿叶脉有稀疏短柔毛,下面浅绿色,具短柔毛;叶柄幼时具短柔毛。复伞房花序顶生于当年生直立新枝上,多花,无毛;苞片披针形或线形,微被短柔毛;花萼筒钟状,内面密被短柔毛;萼片三角形,先端急尖,内面近先端有短柔毛;花瓣卵形,先端圆钝,白色,在芽中呈粉红色。蓇葖果几直立,开张,无毛或仅沿腹缝有短柔毛,花柱顶生,直立或稍倾斜,常具反折萼片。花期6月,果期7~8月。

分布范围:产于河南、陕西、山东、江苏、浙江。安阳林州太行山区有分布,生于岩石坡地、山谷丛林间。

观赏价值:树姿优美,枝叶繁密,是园林绿化中优良的观花观叶树种。

其他用途:根及果实可供药用。

二十四、豆科 *Fabaceae*

(一)合欢属 *Albizia*

1. 山合欢 *Albizia kalkora*(Roxb.)Prain

别名:马缨花、白夜合、山合欢、滇合欢

形态特征:落叶小乔木或灌木,高可达8 m;枝条暗褐色,被短柔毛,有显著皮孔。二回羽状复叶;羽片2~4对;小叶5~14对,长圆形或长圆状卵形,先端圆钝而有细尖头,基部不等侧,两面均被短柔毛,中脉稍偏于上侧。头状花序2~7枚生于叶腋,或于枝顶排成圆锥花序;花初白色,后变黄,具明显的小花梗;花萼管状,5齿裂;花冠中部以下连合呈管状,裂片披针形,花萼、花冠均密被长柔毛;雄蕊基部连合呈管状。荚果带状,深棕色,嫩荚密被短柔毛,老时无毛;种子倒卵形。花期5~6月;果期8~10月。

分布范围:产于我国华北、西北、华东、华南至西南部各省区。安阳林州太行山区有分布,生于山坡灌丛、疏林中。

观赏价值：花美丽,可作园林景观树木。

其他用途：木材可做家具；根和茎皮入药；种子榨油。

(二)杭子梢属 *Campylotropis*

1.杭子梢 *Campylotropis macrocarpa*

别名：杭子梢、多花杭子梢

形态特征：落叶灌木,高3 m。小枝贴生或近贴生短或长柔毛,嫩枝毛密,少有具茸毛,老枝常无毛。羽状复叶具3小叶；托叶狭三角形、披针形或披针状钻形；叶柄稍密生短柔毛或长柔毛,少为毛少或无毛,枝上部(或中部)的叶柄常较短；小叶椭圆形或宽椭圆形,有时过渡为长圆形,先端圆形、钝或微凹,具小凸尖,基部圆形,稀近楔形,上面通常无毛,脉明显,下面通常贴生或近贴生短柔毛或长柔毛,疏生至密生,中脉明显隆起,毛较密。总状花序单一腋生并顶生,花序轴密生开展的短柔毛或微柔毛总花梗常斜生或贴生短柔毛,稀为具茸毛；花梗具开展的微柔毛或短柔毛；花萼钟形,稍浅裂或近中裂,稀稍深裂或深裂,通常贴生短柔毛,萼裂片狭三角形或三角形,渐尖,下方萼裂片较狭长,上方萼裂片几乎全部合生或少有分离；花冠紫红色或近粉红色,旗瓣椭圆形、倒卵形或近长圆形等,近基部狭窄,翼瓣微短于旗瓣或等长,龙骨瓣呈直角或微钝角内弯。荚果长圆形、近长圆形或椭圆形,先端具短喙尖,果具网脉,边缘生纤毛。花、果期5~10月。

分布范围：产于华北、华东、中南、西南、西北等地区。安阳林州太行山区有分布,生于山坡、灌丛、林缘、山谷沟边及林中。

观赏价值：为优良观花灌木,耐贫瘠,生长健壮,适应性广,可做庭院及绿化材料,种植于林缘、坡地、河岸。

其他用途：根可入药；枝条可供编织；叶及嫩枝可作绿肥饲料；又为蜜源植物。

(三)锦鸡儿属 *Caragana*

1.红花锦鸡儿 *Caragana rosea*

别名：乌兰－哈日嘎纳、黄枝条、金雀儿形态特征:落叶灌木,高可达 1 m。树皮绿褐色或灰褐色,小枝细长,具条棱,托叶在长枝者成细针刺,短枝者脱落;叶柄脱落或宿存成针刺;叶假掌状;小叶 4,楔状倒卵形,先端圆钝或微凹,具刺尖,基部楔形,近革质,上面深绿色,下面淡绿色,无毛,有时小叶边缘、小叶柄、小叶下面沿脉被疏柔毛。花梗单生,关节在中部以上,无毛;花萼管状,不扩大或仅下部稍扩大,常紫红色,萼齿三角形,渐尖,内侧密被短柔毛;花冠黄色,常紫红色或全部淡红色,凋时变为红色,旗瓣长圆状倒卵形,先端凹入,基部渐狭成宽瓣柄,翼瓣长圆状线形,瓣柄较瓣片稍短,耳短齿状,龙骨瓣的瓣柄与瓣片近等长,耳不明显;子房无毛。荚果圆筒形,具渐尖头。花期 4~6 月,果期 6~7 月。

分布范围:产于东北、华北、华东及河南、甘肃。安阳林州太行山区有分布,生于山坡及沟谷。

观赏价值:为优良观花灌木。

其他用途:根可入药。

(四)皂荚属 *Gleditsia*

1.皂荚 *Gleditsia sinensis*

别名:刀皂、牙皂、猪牙皂、皂荚树、皂角、三刺皂角

形态特征:落叶乔木或小乔木,高可达 30 m;枝灰色至深褐色;刺粗壮,圆柱形,常分枝,多呈圆锥状。叶为一回羽状复叶;小叶纸质,卵状披针形至长圆形,先端急尖或渐尖,顶端圆钝,具小尖头,基部圆形或楔形,有时稍歪斜,边缘具细锯齿,上面被短柔毛,下面中脉上稍被柔毛;网脉明显,在两面凸起;小叶柄长被短柔毛。花杂性,黄白色,组成总状花序;花序腋生或顶生,被短柔毛。荚果带状,劲直或扭曲,果肉稍厚,两面鼓起,或有的荚果短小,多少呈柱形,弯曲作新月形,通常称猪牙皂,内无种子;果瓣革质,褐棕色或红褐色,常被白色粉霜;种子多颗,长圆形或椭圆形,棕色,光亮。花期 3~5 月,果期 5~12 月。

分布范围:产于河北至广东大部分省区。安阳市有分布,生于山坡林中或谷地、路旁,常栽培于庭院或宅旁。

观赏价值:优良的庭院绿化树种。

其他用途:木材坚硬,可作车辆、家具用材;荚果煎汁可代肥皂用;嫩芽作野菜食用;荚、子、刺均入药。

(五)木蓝属 *Indigofera*

1.河北木蓝 *Indigofera bungeana*

别名:野蓝枝子、狼牙草、本氏木蓝、马棘、陕甘木蓝

形态特征:落叶直立灌木。茎褐色,圆柱形,有皮孔,枝银灰色,被灰白色丁字毛。羽状复叶;小叶2~4对,对生,椭圆形,稍倒阔卵形,先端钝圆,基部圆形,上面绿色,疏被丁字毛,下面苍绿色,丁字毛较粗。总状花序腋生;总花梗较叶柄短;苞片线形;花萼外面被白色丁字毛,萼齿近相等,三角状披针形,与萼筒近等长;花冠紫色或紫红色,旗瓣阔倒卵形,外面被丁字毛,翼瓣与龙骨瓣等长,龙骨瓣有距;花药圆球形,先端具小凸尖;子房线形,被疏毛。荚果褐色,线状圆柱形,被白色丁字毛,种子间有横隔,内果皮有紫红色斑点;种子椭圆形。花期5~6月,果期8~10月。

分布范围:产于辽宁、内蒙古、北京、河北、山西、河南、陕西等地。安阳林州太行山区有分布,生于山坡、草地。

观赏价值:河北木蓝花色粉红、亮丽,是美丽的观花灌木,在园林应用中,可作为城市公园、庭院、道路边坡、房前屋后等闲散地的良好绿化材料,可美化环境,具有较高的绿化效果。

其他用途:全草药用。

(六)胡枝子属 *Lespedeza*

1.胡枝子 *Lespedeza bicolor*

别名:随军茶、萩

形态特征:直立灌木,多分枝,小枝黄色或暗褐色,有条棱,被疏短毛;芽卵形,具数枚黄褐色鳞片。羽状复叶具3小叶;具叶柄;小叶质薄,卵形、倒卵形或卵状长圆形,先端钝圆或微凹,稀稍尖,具短刺尖,基部近圆形或宽楔形,全缘,上面绿色,无毛,下面色淡,被疏柔毛,老时渐无毛。总状花序腋生,比叶长,常构成大型、较疏松的圆锥花序;小苞片

2,卵形,先端钝圆或稍尖,黄褐色,被短柔毛;花梗短,密被毛;花萼 5 浅裂,裂片通常短于萼筒,裂片卵形或三角状卵形,先端尖,外面被白毛;花冠红紫色,旗瓣倒卵形,先端微凹,翼瓣较短,近长圆形,基部具耳和瓣柄,龙骨瓣与旗瓣近等长,先端钝,基部具较长的瓣柄;子房被毛。荚果斜倒卵形,稍扁,表面具网纹,密被短柔毛。花期 7 ~ 9 月,果期 9 ~ 10 月。

分布范围:产于东北、华北、西北、华中、华东、华南等地区。安阳林州太行山区有分布,生于山坡、林缘、路旁、灌丛及杂木林间。

观赏价值:可作庭院绿化灌木。

其他用途:种子油可供食用或作机器润滑油;叶可代茶;枝可编筐;性耐旱,可作防风、固沙及水土保持植物。

2. 美丽胡枝子 *Lespedeza thunbergii* subsp. *formosa*

别名:柔毛胡枝子、路生胡枝子、南胡枝子

形态特征:落叶单一或丛生小灌木,高达 1 m 余。分枝开展,枝灰褐色,具细条棱,密被长柔毛。托叶狭披针形,外面被疏柔毛;叶柄稍开展或反折,被短柔毛;小叶长圆形或椭圆状长圆形,先端微凹,稀稍渐尖,基部近圆形,上面光滑,下面贴生丝状毛。总状花序腋生,水平开展或上升,被疏柔毛;花萼钟状,5 深裂,裂片披针形,上方 2 裂片大部合生,先端分离,外面被丝状毛;花冠红紫色,旗瓣倒卵形,基部具 2 个弯钩状小耳和短柄,翼瓣狭长圆形,明显短于旗瓣和龙骨瓣,具弯钩状的耳和短柄,龙骨瓣斜倒卵形,与旗瓣近等长或稍长,基部亦具耳和细长瓣柄。荚果宽卵圆形,先端极尖,密被丝状毛。花果期 9 ~ 11 月。

分布范围:产于河北至广东大部分省区。安阳林州太行山区有分布。

观赏价值:可作庭院绿化植物。

其他用途:美丽胡枝子木材坚韧,可作建筑及家具用材;种子含油和多种氨基酸、维生素及矿物质,可作粮食和食用油资源;极好的薪炭材料;枝叶鲜嫩时,是一种中等叶类饲草。

（七）槐属　*Styphnolobium*

1. 槐　*Styphnolobium japonicum*

别名:蝴蝶槐、国槐、豆槐、槐花树、槐花木、槐树、堇花槐

形态特征:乔木,高可达 25 m;树皮灰褐色,具纵裂纹。当年生枝绿色,无毛。羽状复叶;叶轴初被疏柔毛,旋即脱净;叶柄基部膨大,包裹着芽;托叶形状多变,有时呈卵形,叶状,有时线形或钻状,早落;小叶对生或近互生,纸质,卵状披针形或卵状长圆形,先端渐尖,具小尖头,基部宽楔形或近圆形,稍偏斜,下面灰白色,初被疏短柔毛,旋变无毛;小托叶 2 枚,钻状。圆锥花序顶生,常呈金字塔形;花梗比花萼短;小苞片 2 枚,形似小托叶;花萼浅钟状,近等大,圆形或钝三角形,被灰白色短柔毛,萼管近无毛;花冠白色或淡黄色,旗瓣近圆形,具短柄,有紫色脉纹,先端微缺,基部浅心形,翼瓣卵状长圆形,先端浑圆,基部斜戟形,无皱褶,龙骨瓣阔卵状长圆形,与翼瓣等长;雄蕊近分离,宿存;子房近无毛。荚果串珠状,种子间缢缩不明显,种子排列较紧密,具肉质果皮,成熟后不开裂;种子卵球形,淡黄绿色,干后黑褐色。花期 7～8 月,果期 8～10 月。

分布范围:原产中国,现南北各省区广泛栽培,华北和黄土高原地区尤为多见。为安阳市乡土树种。

观赏价值:树冠优美,树干挺直,花芳香,是优良的行道树和庭院绿化树种。

其他用途:优良的蜜源植物;花和荚果入药;叶可作野菜食用;木材供建筑用。

（八）野豌豆属　*Vicia*

1. 大花野豌豆　*Vicia bungei*

别名:野豌豆、毛苕子、三齿草藤、山豌豆、三齿野豌豆、三齿萼野豌豆

形态特征:一、二年生缠绕或匍匐伏草本。茎有棱,多分枝,近无毛偶数羽状复叶顶端卷须有分枝;托叶半箭头形,有锯齿;小叶 3～5 对,长圆形或狭倒卵长圆形,先端平截微凹,稀齿状,上面叶脉不甚清晰,下

面叶脉明显被疏柔毛。总状花序长于叶或与叶轴近等长;具花 2 ~ 5 朵,着生于花序轴顶端,萼钟形,被疏柔毛,萼齿披针形;花冠红紫色或金蓝紫色,旗瓣倒卵披针形,先端微缺,翼瓣短于旗瓣,长于龙骨瓣;子房柄细长,沿腹缝线被金色绢毛,花柱上部被长柔毛。荚果扁长圆形。种子球形。花期 4 ~ 5 月,果期 6 ~ 7 月。

分布范围:产于东北、华北、西北、华东及西南等地。安阳市有分布,生于山坡、谷地、草丛、田边及路旁。

观赏价值:可作观花草本植物。

其他用途:嫩茎叶可作饲料。

(九)黄耆属 *Astragalus*

1. 斜茎黄耆 *Astragalus laxmannii*

别名:直立黄芪、沙打旺

形态特征:多年生草本,高可达 1 m。根较粗壮,暗褐色,有时有长主根。茎多数或数个丛生,直立或斜上,有毛或近无毛。羽状复叶,叶柄较叶轴短;托叶三角形,渐尖,基部稍合生或有时分离;小叶长圆形、近椭圆形或狭长圆形,基部圆形或近圆形,有时稍尖,上面疏被伏贴毛,下面较密。总状花序长圆柱状、穗状,稀近头状,生多数花,排列密集,有时较稀疏;总花梗生于茎的上部,较叶长或与其等长;花梗极短;苞片狭披针形至三角形,先端尖;花萼管状钟形,被黑褐色或白色毛,或有时被黑白混生毛,萼齿狭披针形;花冠近蓝色或红紫色,旗瓣倒卵圆形,先端微凹,基部渐狭,翼瓣较旗瓣短,瓣片长圆形,与瓣柄等长,龙骨瓣瓣片较瓣柄稍短;子房被密毛,有极短的柄。荚果长圆形,两侧稍扁,背缝凹入成沟槽,顶端具下弯的短喙,被黑色、褐色或和白色混生毛,假 2 室。花期 6 ~ 8 月,果期 8 ~ 10 月。

分布范围:产于东北、华北、西北、西南地区。安阳林州太行山区有分布,生于向阳山坡灌丛及林缘地带。

观赏价值:可作园林绿化观花植物。

其他用途:种子入药;优良牧草和保土植物。

2.达乌里黄耆　*Astragalus dahuricus*

别名:兴安黄耆

形态特征:一年生或二年生草本,被开展、白色柔毛。茎直立,高达80 cm,分枝,有细棱。羽状复叶;叶柄长不及1 cm;托叶分离,狭披针形或钻形;小叶长圆形、倒卵状长圆形或长圆状椭圆形,先端圆或略尖,基部钝或近楔形。总状花序较密;苞片线形或刚毛状。花萼斜钟状,萼齿线形或刚毛状,上边2齿较萼部短,下边3齿较长;花冠紫色,旗瓣近倒卵形,先端微缺,基部宽楔形。荚果线形,先端凸尖喙状,直立,内弯,具横脉,假2室,果颈短。种子淡褐色或褐色,肾形,有斑点,平滑。花期7～9月,果期8～10月。

分布范围:产于东北、华北、西北及山东、河南、四川等省区。安阳林州太行山区有分布,生于山坡和河滩草地。

观赏价值:花色美丽,为优良园林绿化灌木。

其他用途:全株可作饲料,大牲畜特别喜食,故有"驴干粮"之称。

二十五、苦木科　*Simaroubaceae*

(一)臭椿属　*Ailanthus*

1.臭椿　*Ailanthus altissima*

别名:樗、黑皮樗、黑皮互叶臭椿、南方椿树、椿树

形态特征:落叶乔木,高可达20余米,树皮平滑而有直纹;嫩枝有髓,幼时被黄色或黄褐色柔毛,后脱落。叶为奇数羽状复叶;小叶对生或近对生,纸质,卵状披针形,先端长渐尖,基部偏斜,截形或稍圆,两侧各具1或2个粗锯齿,齿背有腺体1个,叶面深绿色,背面灰绿色,柔碎后具臭味。圆锥花序;花淡绿色;萼片5,覆瓦状排列;花瓣5,基部两侧被硬粗毛;雄蕊10,花丝基部密被硬粗毛,雄花中的花丝长于花瓣,雌花中的花丝短于花瓣;花药长圆形;心皮5,花柱黏合,柱头5裂。翅果长椭圆形;种子位于翅的中间,扁圆形。花期4～5月,果期8～10月。

分布范围:我国除东北、西北和海南外各地均有分布。安阳林州太行山区有分布,为乡土树种。

观赏价值:为优良的观叶观果树种,可作庭荫树、行道树。

其他用途:可作石灰岩地区的造林树种;木材可制作农具、车辆等;叶可饲椿蚕;树皮、根皮、果实均可入药。

二十六、楝科 *Meliaceae*

(一)香椿属 *Toona*

1. 香椿 *Toona sinensis*

别名:毛椿、椿芽、春甜树、春阳树、椿、毛椿

形态特征:乔木;树皮粗糙,深褐色,片状脱落。叶具长柄,偶数羽状复叶;小叶对生或互生,纸质,卵状披针形或卵状长椭圆形,先端尾尖,基部一侧圆形,另一侧楔形,不对称,边全缘或有疏离的小锯齿,两面均无毛,无斑点,背面常呈粉绿色,侧脉平展,与中脉几成直角开出,背面略凸起。圆锥花序与叶等长或更长,被稀疏的锈色短柔毛或有时近无毛,小聚伞花序生于短的小枝上,多花;花具短花梗;花萼5齿裂或浅波状,外面被柔毛,且有睫毛;花瓣5,白色,长圆形,先端钝,无毛。蒴果狭椭圆形,深褐色,有小而苍白色的皮孔,果瓣薄;种子基部通常钝,上端有膜质的长翅,下端无翅。花期6~8月,果期10~12月。

分布范围:产于华北、华东、华中、华南和西南部各省区;安阳市有分布,生于山地杂木林或疏林中,各地也广泛栽培。

观赏价值:可作庭院观赏树种,也可作行道树。

其他用途:幼芽嫩叶可蔬食;木材为家具、室内装饰品及造船的优良木材;根皮及果入药。

二十七、大戟科 *Euphorbiaceae*

(一)叶底珠属 *Geblera*

1. 一叶萩 *Geblera suffruticosa*

别名:叶底珠

形态特征:落叶灌木,多分枝;小枝浅绿色,近圆柱形,有棱槽,有不明显的皮孔;全株无毛。叶片纸质,椭圆形或长椭圆形,稀倒卵形,顶端急尖至钝,基部钝至楔形,全缘或间中有不整齐的波状齿或细锯齿,下面浅绿色;侧脉两面凸起,网脉略明显。花小,雌雄异株,簇生于叶腋;

雄花簇生,萼片通常5,椭圆形;雌花萼片5,椭圆形至卵形。蒴果三棱状扁球形,成熟时淡红褐色,有网纹;种子卵形而-侧扁压状,褐色而有小疣状凸起。花期3~8月,果期6~11月。

分布范围:除西北外,全国各省区均有分布。安阳市有分布,生于海拔800 m以上山坡灌丛中或山沟、路边。

观赏价值:可作观叶绿化灌木。

其他用途:茎皮纤维可供纺织原料;枝条可编制用具;根含鞣质;花和叶供药用。

(二)雀儿舌头属 *Andrachne*

1.雀儿舌头 *Andrachne chinensis*

别名:黑钩叶

形态特征:落叶直立小灌木;茎上部和小枝条具棱;除枝条、叶片、叶柄和萼片均在幼时被疏短柔毛外,其余无毛。叶片膜质至薄纸质,卵形、近圆形、椭圆形或披针形,顶端钝或急尖,基部圆或宽楔形,叶面深绿色,叶背浅绿色;侧脉在叶面扁平,在叶背微凸起。花小,雌雄同株,单生或簇生于叶腋;萼片、花瓣和雄蕊均为5;雄花花梗丝状;萼片卵形或宽卵形,浅绿色,膜质,具有脉纹;花瓣白色,匙形,膜质;雌花花瓣倒卵形,萼片与雄花的相同。蒴果圆球形或扁球形,基部有宿存的萼片。花期2~8月,果期6~10月。

分布范围:除东北、西北、华南个别省区外,全国各省区均有分布。安阳市有分布,生于山地灌丛、林缘、路旁、岩崖或石缝中。

观赏价值:可作观叶绿化灌木。

(三)大戟属 *Euphorbia*

1.泽漆 *Euphorbia helioscopia*

别名:猫眼、五朵云,五灯草,五凤草

形态特征:一年生草本。根纤细,下部分枝。茎直立,单一或自基部多分枝,分枝斜展向上,光滑无毛。叶互生,倒卵形或匙形,先端具牙齿,中部以下渐狭或呈楔形;总苞叶5枚,倒卵状长圆形,先端具牙齿,

基部略渐狭,无柄;总伞幅5枚;苞叶2枚,卵圆形,先端具牙齿,基部呈圆形。花序单生,有柄或近无柄;总苞钟状,光滑无毛,边缘5裂,裂片半圆形,边缘和内侧具柔毛;腺体盘状,中部内凹,基部具短柄,淡褐色。蒴果三棱状阔圆形,光滑,无毛;具明显的三纵沟。种子卵状暗褐色,具明显的脊网。花果期4～10月。

分布范围:我国除东北、西北、华南等少数省区外,全国均有分布。安阳市有分布,生于山沟、路旁、荒野和山坡,较常见。

观赏价值:叶圆碧绿,酷似猫眼,花絮别致,极具观赏价值。可用于公共绿地、隔离带、道路两侧、花镜栽植观赏。

其他用途:全草入药;种子含油,可供工业用。

2. 大戟 *Euphorbia pekinensis*

别名:湖北大戟、京大戟、北京大戟

形态特征:多年生草本。根圆柱状。茎单生或自基部多分枝,每个分枝上部又分枝。叶互生,常为椭圆形,少为披针形或披针状椭圆形,变异较大,先端尖或渐尖,基部渐狭或呈楔形或近圆形或近平截,边缘全缘;主脉明显,侧脉羽状,不明显,叶两面无毛或有时叶背具少许柔毛或被较密的柔毛,变化较大且不稳定;总苞叶长椭圆形,先端尖,基部近平截;伞幅4～7;苞叶2枚,近圆形,先端具短尖头,基部平截或近平截。花序单生于二歧分枝顶端,无柄;总苞杯状,边缘4裂,裂片半圆形,边缘具不明显的缘毛;腺体4,半圆形或肾状圆形,淡褐色。雄花多数,伸出总苞之外;雌花1枚,具较长的子房柄。蒴果球状。花期5～8月,果期6～9月。

分布范围:除云南、西藏和新疆外,全国均有分布。安阳林州太行山区有分布,生于山坡、灌丛、荒地、草丛、林缘。

观赏价值:植株整齐,花序别致,可作观赏植物栽培。

其他用途:根入药。

二十八、漆树科　*Anacardiaceae*

（一）黄栌属　*Cotinus*

1. 毛黄栌　*Cotinus coggygria* var. *pubescens*

别名：柔毛黄栌

形态特征：灌木，高 3 ~ 5 m。叶为阔椭圆形，稀圆形，叶背尤其沿脉上和叶柄密被柔毛；全缘；叶柄短。圆锥花序，花序无毛或近无毛；花杂性；花萼无毛，裂片卵状三角形；花瓣卵形或卵状披针形，无毛；雄蕊 5，花药卵形，与花丝等长，花盘 5 裂，紫褐色；子房近球形，花柱 3，分离，不等长。核果，肾形，红褐色，有皱纹。花期 5 ~ 6 月，果期 7 ~ 8 月。

分布范围：产于贵州、四川、甘肃、陕西、山西、山东、河南、湖北、江苏、浙江；安阳林州太行山区有分布，生于海拔 700 m 以上的向阳山坡林中。

观赏价值：叶秋季变红，美观，为优良园林绿化灌木。

其他用途：木材黄色，古代作黄色染料；树皮和叶可提制栲胶；叶含芳香油，为调香原料。嫩芽可炸食。

2. 红叶　*Cotinus coggygria* var. *cinerea*

别名：灰毛黄栌

形态特征：落叶灌木，高可达 5 m。叶倒卵形或卵圆形，先端圆形或微凹，基部圆形或阔楔形，全缘，两面或尤其叶背显著被灰色柔毛，侧脉先端常叉开；叶柄短。圆锥花序被柔毛；花杂性；花梗较长，花萼无毛，裂片卵状三角形；花瓣卵形或卵状披针形，无毛；雄蕊 5，花药卵形，与花丝等长，花盘 5 裂，紫褐色；子房近球形，花柱 3，分离，不等长。核果，肾形，红褐色，有皱纹。花期 5 ~ 6 月，果期 7 ~ 8 月。

分布范围：产于河北、北京、山东、河南、湖北、四川；安阳林州太行山区有分布，生于海拔 700 m 以上的向阳山坡林中。

观赏价值：叶秋季变红，美观，为优良园林绿化灌木。即北京称之"西山红叶"。

其他用途：木材黄色，古代作黄色染料；树皮和叶可提制栲胶；叶含芳香油，为调香原料。嫩芽可炸食。

(二)黄连木属 *Pistacia*

1. 黄连木 *Pistacia chinensis*

别名:楷木、黄连茶、黄连树、木黄连

形态特征:落叶乔木,高达20余米;树干扭曲,树皮暗褐色,呈鳞片状剥落,幼枝灰棕色,具细小皮孔,疏被微柔毛或近无毛。奇数羽状复叶互生,小叶5~6对,叶轴具条纹,被微柔毛,叶柄上面平,被微柔毛;小叶对生或近对生,纸质,披针形或卵状披针形或线状披针形,先端渐尖或长渐尖,基部偏斜,全缘,两面沿中脉和侧脉被卷曲微柔毛或近无毛,侧脉和细脉两面突起。花单性异株,先花后叶,圆锥花序腋生,雄花序排列紧密,雌花序排列疏松,均被微柔毛;花小,花梗被微柔毛;苞片披针形或狭披针形,内凹,外面被微柔毛,边缘具睫毛;雄花:花被片2~4,披针形或线状披针形,大小不等,边缘具睫毛;雄蕊花丝极短,花药长圆形,大;雌蕊缺;雌花:花被片7~9,大小不等,披针形或线状披针形,外面被柔毛,边缘具睫毛,里面5片卵形或长圆形,外面无毛,边缘具睫毛;子房球形,花柱极短,柱头3,厚,肉质,红色。核果倒卵状球形,成熟时紫红色,干后具纵向细条纹,先端细尖。

分布范围:产于长江以南各省区及华北、西北;安阳太行山区有分布。

观赏价值:黄连木先花后叶,树冠浑圆,枝繁叶茂,早春嫩叶泛红,夏季叶色深绿,入秋叶色橙黄,有很好观赏效果。黄连木为优良园林绿化树种,可作庭荫树、行道树及观赏风景树,也常作"四旁"绿化及低山区造林树种。

其他用途:木材鲜黄色,可提黄色染料,材质坚硬致密,可供家具和细工用材;种子榨油;幼叶作野菜食用。

(三)盐肤木属 *Rhus*

1. 盐肤木 *Rhus chinensis*

别名:盐肤子、肤杨树、木五倍子、五倍子、五倍柴、五倍子树

形态特征:落叶小乔木或灌木;小枝棕褐色,被锈色柔毛,具圆形小

皮孔。奇数羽状复叶,叶轴具宽的叶状翅,小叶自下而上逐渐增大,叶轴和叶柄密被锈色柔毛;小叶多形,卵形或椭圆状卵形或长圆形,先端急尖,基部圆形,顶生小叶基部楔形,边缘具粗锯齿或圆齿,叶面暗绿色,叶背粉绿色,被白粉,叶面沿中脉疏被柔毛或近无毛,叶背被锈色柔毛,脉上较密,侧脉和细脉在叶面凹陷,在叶背突起;小叶无柄。圆锥花序宽大,多分枝,雄花序较长,雌花序较短,密被锈色柔毛;苞片披针形,被微柔毛,小苞片极小,花白色,花梗被微柔毛;雄花:花萼外面被微柔毛,裂片长卵形,边缘具细睫毛;花瓣倒卵状长圆形,开花时外卷;雄蕊伸出,花丝线形,无毛,花药卵形;子房不育;雌花:花萼裂片较短,外面被微柔毛,边缘具细睫毛;花瓣椭圆状卵形,边缘具细睫毛,里面下部被柔毛;雄蕊极短;花盘无毛;子房卵形,密被白色微柔毛,花柱3,柱头头状。核果球形,略压扁,被具节柔毛和腺毛,成熟时红色。花期8~9月,果期10月。

分布范围:我国除东北、内蒙古和新疆外,其余省区均有分布,安阳林州太行山区有分布,生于向阳山坡、沟谷、溪边的疏林或灌丛中。

观赏价值:可作为观叶、观果的园林绿化树种。

其他用途:盐肤木是经济树种,可供制药和作工业染料的原料;其皮部、种子还可榨油;幼枝和叶可作土农药。

2. 青麸杨 *Rhus potaninii*

别名:倍子树、五倍子

形态特征:落叶乔木;树皮灰褐色,小枝无毛。奇数羽状复叶有小叶3~5对,叶轴无翅,被微柔毛;小叶卵状长圆形或长圆状披针形,先端渐尖,基部多少偏斜,近回形,全缘,两面沿中脉被微柔毛或近无毛,小叶具短柄。圆锥花序,被微柔毛;苞片钻形,被微柔毛;花白色;花梗被微柔毛;花萼外面被微柔毛,裂片卵形,边缘具细睫毛;花瓣卵形或卵状长圆形,两面被微柔毛,边缘具细睫毛,开花时先端外卷;花丝线形,在雌花中较短,花药卵形;花盘厚,无毛;子房球形,密被白色茸毛。核果近球形,略压扁,密被具节柔毛和腺毛,成熟时红色。花期5~6月,果期9月。

分布范围:产于云南、四川、甘肃、陕西、山西、河南等地;安阳林州太行山区有分布,生于海拔900 m以上的山坡疏林或灌木中。

观赏价值:可作园林景观树种。

其他用途:青麸杨虫瘿富含鞣质,供工业和药用;叶和树皮可提制栲胶;木材白色、质坚,可制家具和农具;种子油作润滑油和制皂;树皮可作土农药。

二十九、卫矛科 *Celastraceae*

(一)南蛇藤属 *Celastrus*

1.苦皮藤 *Celastrus angulatus*

别名:苦树皮、马断肠、老虎麻、棱枝南蛇藤、苦皮树、老麻藤

形态特征:藤状灌木;小枝常具纵棱,皮孔密生,圆形到椭圆形,白色,腋芽卵圆状。叶大,近革质,长方阔椭圆形、阔卵形、圆形,先端圆阔,中央具尖头,侧脉在叶面明显突起,两面光滑或稀于叶背的主侧脉上具短柔毛;托叶丝状,早落。聚伞圆锥花序顶生,下部分枝长于上部分枝,略呈塔锥形,花序轴及小花轴光滑或被锈色短毛;小花梗较短,关节在顶部;花萼镊合状排列,三角形至卵形,近全缘;花瓣长方形,边缘不整齐;花盘肉质,浅盘状或盘状;雄蕊着生花盘之下;雌蕊子房球状,柱头反曲。蒴果近球状;种子椭圆状。花果期6～9月。

分布范围:产于河北以南、广东以北省区。安阳林州太行山区有分布,生长于海拔1 000 m山地丛林及山坡灌丛中。

观赏价值:苦皮藤叶片圆大厚实,入秋后叶色变红,果黄色球形,开裂后露出红色假种皮,红黄相映生辉,具有较高的观赏价值,攀缘能力强、耐旱、耐寒、耐半阴,管理粗放,是园林绿化优良的棚架绿化材料。

其他用途:树皮纤维可供造纸及人造棉原料;果皮及种子含油脂,可供工业用;根皮及茎皮为杀虫剂和灭菌剂。

2.南蛇藤 *Celastrus orbiculatus*

别名:蔓性落霜红、南蛇风、大南蛇、香龙草、果山藤

形态特征:小枝光滑无毛,灰棕色或棕褐色,具稀而不明显的皮孔;腋芽小,卵状到卵圆状。叶通常阔倒卵形,近圆形或长方椭圆形,先端圆阔,具有小尖头或短渐尖,基部阔楔形到近钝圆形,边缘具锯齿,两面

光滑无毛或叶背脉上具稀疏短柔毛,侧脉3~5对;叶柄细长。聚伞花序腋生,间有顶生,小花梗关节在中部以下或近基部;雄花萼片钝三角形;花瓣倒卵椭圆形或长方形;花盘浅杯状,裂片浅,顶端圆钝;退化雌蕊不发达;雌花花冠较雄花窄小,花盘稍深厚,肉质,退化雄蕊极短小;子房近球状,柱头3深裂,裂端再2浅裂。蒴果近球状;种子椭圆状稍扁,赤褐色。花期5~6月,果期7~10月。

分布范围:产于东北、华北、华东、西南等地。安阳林州太行山区有分布,生于山坡灌丛。

观赏价值:南蛇藤植株姿态优美,具有较高的观赏价值,是城市垂直绿化的优良树种。

其他用途:果实作中药合欢花用;树皮制优质纤维,种子含油50%。

(二)卫矛属　*Euonymus*

1. 卫矛　*Euonymus alatus*

别名:鬼见羽、鬼箭羽、艳龄茶、南昌卫矛、毛脉卫矛

形态特征:灌木,高1~3 m;小枝常具2~4列宽阔木栓翅;冬芽圆形,芽鳞边缘具不整齐细坚齿。叶卵状椭圆形、窄长椭圆形,偶为倒卵形,边缘具细锯齿,两面光滑无毛;叶柄短。聚伞花序1~3花;花白绿色;萼片半圆形;花瓣近圆形;雄蕊着生花盘边缘处,花丝极短,开花后稍增长,花药宽阔长方形,2室顶裂。蒴果1~4深裂,裂瓣椭圆状;种子椭圆状或阔椭圆状,种皮褐色或浅棕色,假种皮橙红色,全包种子。花期5~6月,果期7~10月。

分布范围:除东北、西北外,全国大部分地区均产。安阳林州太行山区有分布,生长于山坡、沟地边沿。

观赏价值:卫矛枝翅奇特,秋叶红艳耀目,果裂亦红,甚为美观,为优良的园林观赏树种。园林应用于公园、庭院、道路、廊道等绿化。

其他用途:带栓翅的枝条入中药,叫鬼箭羽。

2. 栓翅卫矛　*Euonymus phellomanus*

别名:鬼箭羽、木栓翅、水银木

形态特征:灌木,高3~4 m;枝条硬直,常具4纵列木栓厚翅。叶长椭圆形或略呈椭圆倒披针形,先端窄长渐尖,边缘具细密锯齿;具叶柄。聚伞花序2~3次分枝,有花7~15朵;花白绿色,4数。蒴果4棱,倒圆心状,粉红色;种子椭圆状,种脐、种皮棕色,假种皮橘红色,包被种子全部。花期7月,果期9~10月。

分布范围:产于甘肃、陕西、河南及四川北部。安阳林州太行山区有分布,生长于山谷林中。

观赏价值:栓翅卫矛叶片深绿肥厚,小枝四棱带翅,果实簇生繁多,色泽艳丽,为观叶、观果、观枝树种,树姿优美,形态独特,为优良的园林绿化树种。

其他用途:栓翅卫矛种子可榨油,供工业之用;栓翅入药。

三十、省沽油科 *Staphyleaceae*

(一)省沽油属 *Staphylea*

1. 省沽油 *Staphylea bumalda*

别名:水条

形态特征:落叶灌木,高约2 m,树皮紫红色或灰褐色,有纵棱;枝条开展,绿白色复叶对生,有长柄,具三小叶;小叶椭圆形、卵圆形或卵状披针形,端锐尖,具尖尾,基部楔形或圆形,边缘有细锯齿,齿尖具尖头,上面无毛,背面青白色,主脉及侧脉有短毛。圆锥花序顶生,直立,花白色;萼片长椭圆形,浅黄白色,花瓣5,白色,倒卵状长圆形,较萼片稍大,雄蕊5,与花瓣略等长。蒴果膀胱状,扁平,2室,先端2裂;种子黄色,有光泽。花期4~5月,果期8~9月。

分布范围:产于东北、河北、北京、山西、陕西、浙江、湖北、安徽、江苏、四川等省区。安阳林州太行山区有分布,生于山地或丛林中。

观赏价值:省沽油枝叶扶疏,蒴果膀胱状,别致美观,叶、果均具观赏价值,为优良的园林绿化树种,适宜在公园、林缘、庭院等地种植。

其他用途:种子含油,可榨油食用,可制肥皂及油漆;茎皮可提取纤维;果实入药。

2.膀胱果 *Staphylea holocarpa*

别名：大果省沽油

形态特征：落叶灌木或小乔木，高可达 10 m，幼枝平滑，三小叶，小叶近革质，无毛，长圆状披针形至狭卵形，基部钝，先端突渐尖，上面淡白色，边缘有硬细锯齿，侧脉有网脉，侧生小叶近无柄，顶生小叶具长柄。广展的伞房花序，或更长，花白色或粉红色，在叶后开放。果为 3 裂、梨形膨大的蒴果，基部狭，顶平截，种子近椭圆形，灰色，有光泽。

分布范围：产于陕西、甘肃、湖北、湖南、广东、广西、西南等省区。安阳林州太行山区有分布，生长于山地林缘或杂木林中。

观赏价值：为河南省重点保护植物。其果似膀胱，奇特别致，花白色，有香气，植株秀丽，为优良的园林景观树种，可栽培作庭园观赏花木。

其他用途：种子可榨油，供制肥皂、油漆之用。

三十一、槭树科

（一）槭属 *Acer*

1.元宝槭 *Acer truncatum*

别名：槭、五脚树、平基槭、元宝树、元宝枫、五角枫、华北五角枫

形态特征：落叶乔木，高可达 10 m。树皮灰褐色或深褐色，深纵裂。小枝无毛，当年生枝绿色，多年生枝灰褐色，具圆形皮孔。冬芽小，卵圆形；鳞片锐尖，外侧微被短柔毛。叶纸质，常 5 裂，基部截形稀近于心脏形；裂片三角卵形或披针形，先端锐尖或尾状锐尖，边缘全缘，有时中央裂片的上段再 3 裂；裂片间的凹缺锐尖或钝尖，上面深绿色，无毛，下面淡绿色，嫩时脉腋被丛毛，其余部分无毛，渐老全部无毛；主脉 5 条，在上面显著，在下面微凸起；侧脉在上面微显著，在下面显著；叶柄无毛，稀嫩时顶端被短柔毛。花黄绿色，杂性，雄花与两性花同株，常成无毛的伞房花序；萼片 5，黄绿色，长圆形，先端钝形；花瓣 5，淡黄色或淡白色，长圆倒卵形；小坚果压扁状；翅长圆形，两侧平行，常与小坚果等长，稀稍长，张开成锐角或钝角。花期 4 月，果期 8 月。

分布范围：产于东北、河北、北京、山西、山东、江苏、河南、陕西、甘

肃等省区。安阳林州太行山区有分布,生于山区疏林中。

观赏价值:为广泛应用的园林绿化树种,可作庭园树和行道树。

其他用途:种子含油,可榨油作工业原料;木材细密,可制造各种特殊用具,可作建筑用材。

2. 葛罗枫　*Acer davidii* subsp. *grosseri*

别名:葛萝槭、青皮椴

形态特征:落叶乔木。树皮光滑,淡褐色。小枝无毛,细瘦,当年生枝绿色或紫绿色,多年生枝灰黄色或灰褐色。叶纸质,卵形,边缘具密而尖锐的重锯齿,基部近于心脏形,5 裂;中裂片三角形或三角状卵形,先端钝尖,有短尖尾;侧裂片和基部的裂片钝尖,或不发育;上面深绿色,无毛;下面淡绿色,嫩时在叶脉基部被有淡黄色丛毛,渐老则脱落;叶柄细瘦,无毛。花淡黄绿色,单性,雌雄异株,常成细瘦下垂的总状花序;萼片 5,长圆卵形,先端钝尖;花瓣 5,倒卵形;雄蕊 8,无毛,在雌花中不发育;花盘无毛,位于雄蕊的内侧;子房紫色,无毛,在雄花中不发育;花梗长 3～4 mm。翅果嫩时淡紫色,成熟后黄褐色;小坚果略微扁平;果翅张开成钝角或近于水平。花期 4 月,果期 9 月。

分布范围:产于江西、安徽、湖北、湖南、浙江、河南等省。安阳林州太行山区有分布。

观赏价值:葛萝槭枝繁叶茂,树干端直,树皮绿色,具纵纹,叶夏季深绿,秋季橙黄,为优良的园林景观树种。园林应用中,可孤植、片植或做行道树,可栽培成乔木型、丛生型,或修剪成球形,是城市园林绿化的优良树种。

其他用途:树皮纤维可制麻或作造纸原料。

三十二、无患子科　*Sapindaceae*

(一)栾属　*Koelreuteria*

1. 栾树　*Koelreuteria paniculata*

别名:灯笼树、摇钱树、大夫树、灯笼果、黑叶树、石栾树、黑色叶树

形态特征:落叶乔木或灌木;树皮厚,灰褐色至灰黑色,老时纵裂;皮孔小,灰至暗揭色;小枝具疣点,与叶轴、叶柄均被皱曲的短柔毛或无

毛。叶丛生于当年生枝上,平展,一回、不完全二回或偶有为二回羽状复叶;小叶无柄或具极短的柄,对生或互生,纸质、卵形、阔卵形至卵状披针形,顶端短尖或短渐尖,基部钝至近截形,边缘有不规则的钝锯齿,齿端具小尖头,有时近基部的齿疏离呈缺刻状,或羽状深裂达中肋而形成二回羽状复叶,上面仅中脉上散生皱曲的短柔毛,下面在脉腋具髯毛,有时小叶背面被茸毛。聚伞圆锥花序,密被微柔毛,分枝长而广展,在末次分枝上的聚伞花序具花3~6朵,密集呈头状;苞片狭披针形,被小粗毛;花淡黄色,稍芬芳;萼裂片卵形,边缘具腺状缘毛,呈啮蚀状;花瓣4,开花时向外反折,线状长圆形,被长柔毛,瓣片基部的鳞片初时黄色,开花时橙红色,参差不齐的深裂,被疣状皱曲的毛。蒴果圆锥形,具3棱,顶端渐尖,果瓣卵形,外面有网纹,内面平滑且略有光泽;种子近球形。花期6~8月,果期9~10月。

分布范围:产于我国东北自辽宁起经中部至西南部的云南。安阳市有分布。

观赏价值:枝叶茂密,花期长,果形奇特美观,耐寒、耐旱,为优良的园林景观树种。

其他用途:木材易加工,可制家具;叶可作蓝色染料;花供药用,亦可作黄色染料。

三十三、凤仙花科　*Balsaminaceae*

(一)凤仙花属　*Impatiens*

1. 水金凤　*Impatiens noli-tangere*

别名:辉菜花

形态特征:一年生草本。茎较粗壮,肉质,直立,上部多分枝,无毛,下部节常膨大,有多数纤维状根。叶互生;叶片卵形或卵状椭圆形,先端钝,稀急尖,基部圆钝或宽楔形,边缘有粗圆齿状齿,齿端具小尖,两面无毛,上面深绿色,下面灰绿色;叶柄纤细。最上部的叶柄更短或近无柄。总花梗具2~4花,排列成总状花序;花梗中上部有1苞片;苞片草质,披针形,宿存;花黄色;侧生2萼片卵形或宽卵形,先端急尖;旗瓣圆形或近圆形,先端微凹,背面中肋具绿色鸡冠状突起,顶端具短喙尖;

翼瓣无柄,2裂,下部裂片小,长圆形,上部裂片宽斧形,近基部散生橙红色斑点,外缘近基部具钝角状的小耳;唇瓣宽漏斗状,喉部散生橙红色斑点,基部渐狭成内弯的距。雄蕊5,花丝线形,上部稍膨大,花药卵球形,顶端尖;子房纺锤形,直立,具短喙尖。蒴果线状圆柱形。种子多数,长圆球形,褐色,光滑。花期7～9月。

分布范围:产于东北、华北、西北、华东、华中等地区。安阳林州太行山区有分布,生于海拔800 m以上的山坡林下、林缘草地或沟边。朝鲜、日本及俄罗斯远东地区也有。

观赏价值:水金凤花形奇特,花如其名,易于栽培,为优良的园林观赏植物,可盆栽观赏,也可地栽于水边。

其他用途:全草入药。

2.卢氏凤仙花 *Impatiens lushiensis*

别名:异萼凤仙花

形态特征:一年生草本。茎直立,上部多分枝,无毛或被疏毛。叶互生,具柄卵形或卵状披针形,顶端尾状渐尖,基部圆形或浅心形,稀宽楔形,边缘具锐锯齿,羽状侧脉,无毛或稀被疏毛;叶柄基部具腺体。总花梗生于上部叶腋,具2～4花;花梗细,中部有苞片;苞片卵形,宿存。花淡紫色,侧生萼片4,外面2个较大,斜卵形,中肋背面隆起,内面2个极小,钻形,紧贴旗瓣,旗瓣肾状圆形,中肋背面增厚,具龙骨状突起,顶端具小尖,中央深紫色,边缘淡紫色;翼瓣近无柄,2裂,基部裂片圆形,黄色,上部裂片长圆状斧形,顶端圆钝,背部具反折的宽小耳;唇瓣囊状,上部粉紫色,下部黄色,喉部具紫色斑点,基部急狭成2裂内弯的距。花丝线形;花药尖。蒴果线形,顶端喙尖。花果期8～9月。

分布范围:产于河南等省区。安阳林州太行山区有分布,生于海拔800 m以上林下、草地或溪边。

观赏价值:花形奇特,花如其名,易于栽培,为优良的园林观赏植物,可盆栽观赏,也可地栽于水边。

三十四、鼠李科　*Berchemia*

(一)勾儿茶属　*Berchemia*

1. 勾儿茶　*Berchemia sinica*

别名:牛鼻圈、牛鼻足秧

形态特征:落叶藤状或攀援灌木,高达 5 m;幼枝无毛,老枝黄褐色,平滑无毛。叶纸质至厚纸质,互生或在短枝顶端簇生,卵状椭圆形或卵状矩圆形,顶端圆形或钝,常有小尖头,基部圆形或近心形,上面绿色,无毛,下面灰白色,仅脉腋被疏微毛,羽状侧脉;叶柄纤细,带红色,无毛。花芽卵球形,顶端短锐尖或钝;花黄色或淡绿色,单生或数个簇生,无或有短总花梗,在侧枝顶端排成具短分枝的窄聚伞状圆锥花序,花序轴无毛,有时为腋生的短总状花序。核果圆柱形,基部稍宽,有皿状的宿存花盘,成熟时紫红色或黑色。花期 6 ~ 8 月,果期翌年 5 ~ 6 月。

分布范围:产于河南、华中、西北、西南等地区。安阳林州太行山区有分布,常生于海拔 1 000 m 左右的山坡、沟谷灌丛或杂木林中。

观赏价值:可作垂直绿化材料。

其他用途:根入药。

(二)枳椇属　*Hovenia*

1. 北枳椇　*Hovenia acerba*

别名:鸡爪树、万字果、鸡爪子、拐枣

形态特征:落叶高大乔木,高可达 25 m;小枝褐色或黑紫色,被棕褐色短柔毛或无毛,有明显白色的皮孔。叶互生,厚纸质至纸质,宽卵形、椭圆状卵形或心形,顶端长渐尖或短渐尖,基部截形或心形,稀近圆形或宽楔形,边缘常具整齐浅而钝的细锯齿,上部或近顶端的叶有不明显的齿,稀近全缘,上面无毛,下面沿脉或脉腋常被短柔毛或无毛;叶柄无毛。二歧式聚伞圆锥花序,顶生和腋生,被棕色短柔毛;花两性;萼片具网状脉或纵条纹,无毛;花瓣椭圆状匙形,具短爪;花盘被柔毛;花柱半裂,稀浅裂或深裂,无毛。浆果状核果近球形,无毛,成熟时黄褐色或

棕褐色;果序轴明显膨大;种子暗褐色或黑紫色。花期 5~7 月,果期 8~10 月。

分布范围:产于西北、华中及长江以南地区。安阳林州太行山区有分布,生于海拔 1 000 m 左右的山坡林缘或疏林中。

观赏价值:枳椇的树干笔直,枝叶茂盛,树姿优美,为优良的园林景观树种,可用作庭院绿化、公园、公共绿地园林绿化,还可以用来遮阴或者是装饰草坪。

其他用途:木材细致坚硬,为建筑和制细木工用具的良好用材;果序轴含糖,可生食、酿酒、熬糖;果序轴入药。

(三)鼠李属 *Rhamnus*

1. 鼠李 *Rhamnus davurica*

别名:牛李子、女儿茶、老鹳眼、大绿、臭李子

形态特征:落叶灌木或小乔木;幼枝无毛,小枝对生或近对生,褐色或红褐色,稍平滑,枝顶端常有大的芽而不形成刺,或有时仅分叉处具短针刺;顶芽及腋芽较大,卵圆形,长 5~8 mm,鳞片淡褐色,有明显的白色缘毛。叶纸质,对生或近对生,或在短枝上簇生,宽椭圆形或卵圆形,稀倒披针状椭圆形,顶端突尖或短渐尖至渐尖,稀钝或圆形,基部楔形或近圆形,有时稀偏斜,边缘具圆齿状细锯齿,齿端常有红色腺体,上面无毛或沿脉有疏柔毛,下面沿脉被白色疏柔毛,侧脉每边 4~5 条,两面凸起,网脉明显;叶柄无毛或上面有疏柔毛。花单性,雌雄异株,4 基数,有花瓣。核果球形,黑色,具 2 分核,基部有宿存的萼筒;种子卵圆形,黄褐色,背侧有与种子等长的狭纵沟。花期 5~6 月,果期 7~10 月。

分布范围:产于东北、河北、北京、山西。安阳林州太行山区有分布,生于山坡林下、灌丛或林缘和沟边阴湿处。

观赏价值:鼠李树型美观,耐干旱瘠薄,为优良的园林绿化树种;也是优良的盆景树种。

其他用途:种子榨油作润滑油;果肉药用;树皮和叶可提取栲胶;树皮和果实可提制黄色染料;木材坚实,可供制家具及雕刻之用。

2. 圆叶鼠李　*Rhamnus globosa*

别名:黑旦子、冻绿树、冻绿、山绿柴

形态特征:落叶灌木;小枝对生或近对生,灰褐色,顶端具针刺,幼枝和当年生枝被短柔毛。叶纸质或薄纸质,对生或近对生,稀兼互生,或在短枝上簇生,近圆形、倒卵状圆形或卵圆形,稀圆状椭圆形,顶端突尖或短渐尖,稀圆钝,基部宽楔形或近圆形,边缘具圆齿状锯齿,上面绿色,初时被密柔毛,后渐脱落或仅沿脉及边缘被疏柔毛,下面淡绿色,全部或沿脉被柔毛,侧脉每边3~4条,上面下陷,下面凸起,网脉在下面明显,叶柄被密柔毛;托叶线状披针形,宿存,有微毛。花单性,雌雄异株,簇生于短枝端或长枝下部叶腋,4基数,有花瓣,花萼和花梗均有疏微毛。核果球形或倒卵状球形,基部有宿存的萼筒,具2、稀3分核,成熟时黑色;种子黑褐色,有光泽,背面或背侧有长为种子3/5的纵沟。花期4~5月,果期6~10月。

分布范围:产于辽宁、北京、河北、山西、河南、陕西、江西、湖南、华东等省区。安阳林州太行山区有分布,生于山坡、林下或灌丛中。

观赏价值:枝叶稠密,耐干旱贫瘠,可作园林绿化灌木。

其他用途:种子榨油供润滑油用;茎皮、果实及根可作绿色染料;果实入药。

三十五、葡萄科　*Vitaceae*

（一）蛇葡萄属　*Ampelopsis*

1. 葎叶蛇葡萄　*Ampelopsis humulifolia*

别名:七角白蔹、葎叶白蔹、小接骨丹

形态特征:落叶木质藤本。小枝圆柱形,有纵棱纹,无毛。卷须2叉分枝,相隔2节间断与叶对生。叶为单叶,3~5浅裂或中裂,稀混生不裂者,心状五角形或肾状五角形,顶端渐尖,基部心形,基缺顶端凹成圆形,边缘有粗锯齿,通常齿尖,上面绿色,无毛,下面粉绿色,无毛或沿脉被疏柔毛;叶柄无毛或有时被疏柔毛;托叶早落。多歧聚伞花序与叶对生;花序梗无毛或被稀疏无毛;花梗伏生短柔毛;花蕾卵圆形,顶端圆形;萼碟形,边缘呈波状,外面无毛;花瓣5,卵椭圆形,外面无毛。果实

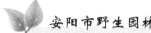

近球形,有种子2~4颗;种子倒卵圆形。花期5~7月,果期5~9月。

分布范围:产于东北、西北、河北、山西、陕西、河南、山东等省区。安阳林州太行山区有分布,生于山沟地边或灌丛林缘或林中。

观赏价值:可作垂直绿化植物。

其他用途:根皮入药。

（二）葡萄属 *Vitis*

1. 桑叶葡萄 *Vitis heyneana* subsp. *ficifolia*

别名:毛葡萄、野葡萄、河南毛葡萄

形态特征:落叶木质藤本。小枝圆柱形,有纵棱纹,被灰色或褐色蛛丝状茸毛。卷须2叉分枝,密被茸毛,每隔2节间断与叶对生。叶卵圆形、长卵椭圆形或卵状五角形,叶片常有3浅裂至中裂并混生有不分裂叶者,顶端急尖或渐尖,基部心形或微心形,基缺顶端凹成钝角,稀成锐角,边缘每侧尖锐锯齿,上面绿色,初时疏被蛛丝状茸毛,以后脱落无毛,下面密被灰色或褐色茸毛,稀脱落变稀疏,基生脉3~5出,上面脉上无毛或有时疏被短柔毛,下面脉上密被茸毛,有时短柔毛或稀茸毛状柔毛;叶柄密被蛛丝状茸毛;托叶膜质,褐色,卵披针形,顶端渐尖,稀钝,边缘全缘,无毛。花杂性异株;圆锥花序疏散,与叶对生,分枝发达;花蕾倒卵圆形或椭圆形,顶端圆形;萼碟形,边缘近全缘;花瓣5,呈帽状黏合脱落。果实圆球形,成熟时紫黑色;种子倒卵形。花期4~6月,果期6~10月。

分布范围:产于河北、北京、山西、陕西、山东、河南、江苏等省区。安阳林州太行山区有分布,生于山坡、沟谷灌丛或疏林中。

观赏价值:可作垂直绿化植物。

其他用途:果可鲜食和酿酒。

2. 山葡萄 *Vitis amurensis*

别名:阿穆尔葡萄

形态特征:落叶木质藤本。小枝圆柱形,无毛,嫩枝疏被蛛丝状茸毛。卷须2~3分枝,每隔2节间断与叶对生。叶阔卵圆形,3稀5浅裂或中裂,或不分裂,叶片或中裂片顶端急尖或渐尖,裂片基部常缢缩

或间有宽阔,裂缺凹成圆形,稀呈锐角或钝角,叶基部心形,基缺凹成圆形或钝角,边缘粗锯齿,齿端急尖,微不整齐,上面绿色,初时疏被蛛丝状茸毛,以后脱落;基生脉5出,上面明显或微下陷,下面突出,网脉在下面明显,除最后一级小脉外,或多或少突出,常被短柔毛或脱落几无毛;叶柄初时被蛛丝状茸毛,以后脱落无毛;托叶膜质,褐色,顶端钝,边缘全缘。圆锥花序疏散,与叶对生,基部分枝发达;花蕾倒卵圆形,顶端圆形;萼碟形,几全缘,无毛;花瓣5。浆果;种子倒卵圆形,顶端微凹。花期5~6月,果期7~9月。

分布范围:产于东北、河北、北京、山西、山东等省区。安阳林州太行山区有分布,生于山坡、沟谷林中或灌丛。

观赏价值:可作垂直绿化植物。

其他用途:果可鲜食和酿酒。

3.变叶葡萄　*Vitis piasezkii*

别名:复叶葡萄

形态特征:落叶木质藤本。小枝圆柱形,有纵棱纹,嫩枝被褐色柔毛。卷须2叉分枝,每隔2节间断与叶对生。叶3~5小叶或混生有单叶者,复叶者中央小叶菱状椭圆形或披针形,顶端急尖或渐尖,基部楔形,外侧小叶卵椭圆形或卵披针形,顶端急尖或渐尖,基部不对称,近圆形或阔楔形,每侧边缘有尖锯齿,单叶者叶片卵圆形或卵椭圆形,顶端急尖,基部心形,基缺张开成钝角,每侧边缘有微不整齐锯齿,上面绿色,几无毛,下面被疏柔毛和蛛丝状茸毛,网脉上面不明显,下面微突出;基出脉5;叶柄被褐色短柔毛。圆锥花序疏散,与叶对生,基部分枝发达;花蕾倒卵状椭圆形,顶端圆形,萼浅碟形,边缘呈波状,外面无毛;花瓣5,呈帽状黏合脱落。果实球形;种子倒卵圆形,顶端微凹,基部有短喙。花期6月,果期7~9月。

分布范围:产于山西、陕西、甘肃、河南、浙江、四川等省区。安阳林州太行山区有分布,生于山坡、河边灌丛或林中。

观赏价值:可作垂直绿化植物。

其他用途:北方的群体抗寒性较强并具有一定抗霜霉病的能力;果供食用或酿酒。

三十六、椴树科

（一）扁担杆属 *Grewia*

1. 扁担杆 *Grewia biloba*

别名：扁担木、孩儿拳头

形态特征：灌木或小乔木，高可达 4 m，多分枝；嫩枝被粗毛。叶互生，叶薄革质，椭圆形或倒卵状椭圆形，先端锐尖，基部楔形或钝，两面有稀疏星状粗毛，基出脉 3 条，两侧脉上行过半，中脉有侧脉 3～5 对，边缘有细锯齿；叶柄被粗毛；托叶钻形。聚伞花序腋生，多花；花序柄及花柄通常被毛；萼片 5 片，分离，片狭长圆形，外面被毛，内面秃净，内面无毛；花瓣 5 片，比萼片短；雄蕊多数，离生；子房有毛，花柱与萼片平齐，柱头扩大，盘状，有浅裂。核果红色，有 2～4 颗分核。花期 5～7 月。

分布范围：产于江西、湖南、浙江、广东、台湾，安徽、四川等省。安阳林州太行山区有分布。

观赏价值：可作园林绿化灌木。

其他用途：根或全株入药。

（二）椴树属 *Tilia*

1. 蒙椴 *Tilia mongolica*

别名：小叶椴、白皮椴、米椴

形态特征：落叶乔木，高可达 10 m，树皮淡灰色，有不规则薄片状脱落；嫩枝无毛，顶芽卵形，无毛。叶阔卵形或圆形，先端渐尖，常出现 3 裂，基部微心形或斜截形，上面无毛，下面仅脉腋内有毛丛，侧脉 4～5 对，边缘有粗锯齿，齿尖突出；叶柄长 2～3.5 cm，无毛，纤细。聚伞花序有花 6～12 朵，花序柄无毛；花柄纤细；苞片窄长圆形，两面均无毛，上下两端钝，下半部与花序柄合生，基部有柄长约 1 cm；萼片披针形，外面近无毛；退化雄蕊花瓣状，稍窄小；雄蕊与萼片等长；子房有毛，花柱秃净。果实倒卵形，被毛，有棱或有不明显的棱。花期 7 月。

分布范围：产于内蒙古、河北、北京、河南、山西等省区。安阳林州太行山区有分布。

观赏价值:蒙椴株型优美,秋叶亮绿色,为优良的园林绿化树种。可孤植于庭院、列植于廊道,具有很好的观赏效果。

其他用途:蒙椴木材可供建筑用材;其茎皮纤维可用于造纸或替代麻;花可提制芳香油;果实可榨油。

2. 少脉椴 *Tilia paucicostata*

别名:杏鬼椴

形态特征:落叶乔木,高可达 13 m;嫩枝纤细,无毛,芽体细小,无毛或顶端有茸毛。叶薄革质,卵圆形,有时稍大,先端急渐尖,基部斜心形或斜截形,上面无毛,下面秃净或有稀疏微毛,脉腋有毛丛,边缘有细锯齿;叶柄纤细,无毛。聚伞花序有花 6~8 朵,花序柄纤细,无毛;萼片狭窄倒披针形,上下两面近无毛,下半部与花序柄合生,基部有短柄;萼片长卵形,外面无星状柔毛;退化雄蕊比花瓣短小;子房被星状茸毛,花柱无毛。果实倒卵形。

分布范围:产于我国甘肃、陕西、河南、四川、云南。安阳林州太行山区有分布。

观赏价值:株型优美,为优良的园林绿化树种。可孤植于庭院、列植于廊道,具有很好的观赏效果。

其他用途:茎皮纤维代麻用;木材可供建筑、农具及家具用;花可提取芳香油,也可供药用。

三十七、猕猴桃科 *Actinidiaceae*

(一)猕猴桃属 *Actinidia*

1. 软枣猕猴桃 *Actinidia arguta*

别名:软枣子、紫果猕猴桃、心叶猕猴桃

形态特征:大型落叶藤本;小枝基本无毛或幼嫩时星散地薄被柔软茸毛,隔年枝灰褐色,洁净无毛或部分表皮呈污灰色皮屑状,皮孔长圆形至短条形,不显著至很不显著;髓白色至淡褐色,片层状。叶膜质或纸质,卵形、长圆形、阔卵形至近圆形,顶端急短尖,基部圆形至浅心形,等侧或稍不等侧,边缘具繁密的锐锯齿,腹面深绿色,无毛,背面绿色,侧脉腋上有髯毛或连中脉和侧脉下段的两侧沿生少量卷曲柔毛,个别

较普遍地被卷曲柔毛,横脉和网状小脉细,不发达,可见或不可见,侧脉分叉或不分叉;叶柄长无毛或略被微弱的卷曲柔毛。花序腋生或腋外生,或厚或薄地被淡褐色短茸毛,苞片线形。花绿白色或黄绿色,芳香;萼片4~6枚,卵圆形至长圆形,边缘较薄,有不甚显著的缘毛,两面薄被粉末状短茸毛,或外面毛较少或近无毛;花瓣4~6片,楔状倒卵形或瓢状倒阔卵形。果圆球形至柱状长圆形,有喙或喙不显著,无毛,无斑点,不具宿存萼片,成熟时绿黄色或紫红色。

分布范围:产于我国东北至南方的大部分省区。安阳林州太行山区有分布。

观赏价值:可作垂直绿化植物。

其他用途:果可生食,也可酿酒,加工成果脯、蜜饯。

三十八、柽柳科 *Tamaricaceae*

(一)柽柳属 *Tamarix*

1. 甘蒙柽柳 *Tamarix austromongolica*

形态特征:落叶灌木或乔木,树干和老枝栗红色,枝直立;幼枝及嫩枝质硬直伸而不下垂。叶灰蓝绿色,木质化生长枝上基部的叶阔卵形,急尖,上部的叶卵状披针形,急尖,先端均呈尖刺状,基部向外鼓胀;绿色嫩枝上的叶长圆形或长圆状披针形,渐尖,基部亦向外鼓胀。春和夏、秋均开花;春季开花,总状花序自去年生的木质化枝上发出,侧生,花序轴质硬而直伸,着花较密,有短总花梗或无梗;有苞叶或无,苞叶蓝绿色,宽卵形,突渐尖,基部渐狭;苞片线状披针形,浅白或带紫蓝绿色;花梗极短。夏、秋季开花,总状花序较春季的狭细,组成顶生大型圆锥花序,生当年生幼枝上,多挺直向上;花5数,萼片5,卵形,急尖,绿色,边缘膜质透明;花瓣5,倒卵状长圆形,淡紫红色,顶端向外反折,花后宿存。花盘5裂,顶端微缺,紫红色;雄蕊5,伸出花瓣之外,花丝丝状,着于花盘裂片间,花药红色;子房三棱状卵圆形,红色,花柱与子房等长,柱头3,下弯。蒴果长圆锥形。花期5~9月。

分布范围:产于我国西北、陕西、山西、山东、河北、北京及河南等省区。安阳市有分布,生于盐渍化河漫滩及冲积平原、盐碱沙荒地及灌溉盐碱地边。

观赏价值：甘蒙柽柳枝叶纤细悬垂，婀娜可爱，一年开花三次，鲜绿粉红花相映成趣，为优良的园林景观植物，可栽于庭院、公园、公共绿地等。

其他用途：其枝条坚韧，为编筐原料；老枝用作农具柄。

2. 柽柳　*Tamarix chinensis*

别名：西河柳、三春柳、红柳、香松

形态特征：落叶乔木或灌木；老枝直立，暗褐红色，光亮，幼枝稠密细弱，常开展而下垂，红紫色或暗紫红色，有光泽；嫩枝繁密纤细，悬垂。叶鲜绿色，从去年生木质化生长枝上生出的绿色营养枝上的叶长圆状披针形或长卵形，稍开展，先端尖，基部背面有龙骨状隆起，常呈薄膜质；上部绿色营养枝上的叶钻形或卵状披针形，半贴生，先端渐尖而内弯，基部变窄，背面有龙骨状突起。每年开花两三次。春季开花：总状花序侧生在去年生木质化的小枝上，花大而少，较稀疏而纤弱点垂，小枝亦下倾；有短总花梗，或近无梗，梗生有少数苞叶或无；苞片线状长圆形，或长圆形，渐尖，与花梗等长或稍长；花梗纤细，较萼短；花 5 出；萼片 5，狭长卵形，具短尖头，略全缘，外面 2 片，背面具隆脊，较花瓣略短；花瓣 5，粉红色，通常卵状椭圆形或椭圆状倒卵形，较花萼微长，果时宿存。蒴果圆锥形。花果期 7~9 月。

分布范围：产于我国辽宁、河北、北京、河南、山东、江苏、安徽等省；安阳市有分布，喜生于河流冲积平原，滩头、潮湿盐碱地和沙荒地。

观赏价值：柽柳枝叶纤细悬垂，婀娜可爱，一年开花三次，鲜绿粉红花相映成趣，为优良的园林景观植物，可栽于庭院、公园、公共绿地等。

其他用途：其材质密而重，可作薪炭柴，亦可作农具用材；其枝条柔韧耐磨，可编筐；枝叶药用。

三十九、堇菜科　*Violaceae*

（一）堇菜属　*Viola*

1. 紫花地丁　*Viola philippica*

别名：辽堇菜、野堇菜、光瓣堇菜

形态特征：多年生草本，无地上茎。根状茎短，垂直，淡褐色，节密生，有数条淡褐色或近白色的细根。叶多数，基生，莲座状；叶片下部者通常较小，呈三角状卵形或狭卵形，上部者较长，呈长圆形、狭卵状披针形或长圆状卵形，先端圆钝，基部截形或楔形，稀微心形，边缘具较平的圆齿，两面无毛或被细短毛，有时仅下面沿叶脉被短毛，果期叶片增大；叶柄在花期通常长于叶片 1～2 倍，上部具极狭的翅，上部具较宽之翅，无毛或被细短毛；托叶膜质，苍白色或淡绿色，部分与叶柄合生，离生部分线状披针形，边缘疏生具腺体的流苏状细齿或近全缘。花中等大，紫堇色或淡紫色，稀呈白色，喉部色较淡并带有紫色条纹；花梗通常多数，细弱，与叶片等长或高出于叶片，无毛或有短毛，中部附近有 2 枚线形小苞片；萼片卵状披针形或披针形，先端渐尖，基部附属物短，末端圆或截形，边缘具膜质白边，无毛或有短毛；花瓣倒卵形或长圆状倒卵形，侧方花瓣里面无毛或有须毛，下方花瓣里面有紫色脉纹；距细管状，末端圆。蒴果长圆形，无毛；种子卵球形，淡黄色。花果期 4 月中下旬至 9 月。

分布范围：产于东北、华北、华东、中南、西南等地区。安阳市有分布，生于田间、荒地、山坡草丛、林缘或灌丛中，在庭园较湿润处常形成小群落。

观赏价值：紫花地丁早春花开，花色艳丽，植株低矮整齐，株丛紧密，为优良的早春地被观花植物。可盆栽或地栽。

其他用途：全草供药用，能清热解毒，凉血消肿。嫩叶可作野菜。可作早春观赏花卉。

2. 早开堇菜　*Viola prionantha*

别名：泰山堇菜

形态特征：多年生草本，无地上茎。根状茎垂直，短而较粗壮，上端常有去年残叶围绕。根数条，带灰白色，粗而长，通常皆由根状茎的下端发出，向下直伸，或有时近横生。叶多数，均基生；叶片在花期呈长圆状卵形、卵状披针形或狭卵形，先端稍尖或钝，基部微心形、截形或宽楔形，稍下延，幼叶两侧通常向内卷折，边缘密生细圆齿，两面无毛，或被细毛，有时仅沿中脉有毛；果期叶片显著增大，三角状卵形，最宽处靠近中部,基部通常宽心形;叶柄较粗壮,上部有狭翅,无毛或被细柔毛。花大,紫堇色或淡紫色,喉部色淡并有紫色条纹;花梗较粗壮,具棱,超出于叶,在近中部处有 2 枚线形小苞片;萼片披针形或卵状披针形,先端尖,具白色狭膜质边缘,基部具附属物,末端具不整齐牙齿或近全缘,无毛或具纤毛;上方花瓣倒卵形,向上方反曲,侧方花瓣长圆状倒卵形,里面基部通常有须毛或近于无毛,下方花瓣有距,末端钝圆且微向上弯。蒴果长椭圆形,无毛,顶端钝常具宿存的花柱。种子多数,卵球形,深褐色常有棕色斑点。花果期 4 月上中旬至 9 月。

分布范围:产于东北、西北、河北、山西、山东、江苏、河南、湖北、云南等省区。安阳市有分布,生于山坡草地、沟边、宅旁等向阳处。

观赏价值:早开堇菜早春花开,花色艳丽,植株低矮整齐,株丛紧密,为优良的早春地被观花植物。可盆栽或地栽。

其他用途:全草供药用。

四十、秋海棠科　*Begoniaceae*

(一)秋海棠属　*Begonia*

1.秋海棠　*Begonia grandis*

别名:无名相思草、无名断肠草、八香、日本秋海棠

形态特征:多年生草本。根状茎近球形,具密集而交织的细长纤维状之根。茎直立,有分枝,有纵棱,近无毛。基生叶未见。茎生叶互生,具长柄;叶片两侧不相等,轮廓宽卵形至卵形,先端渐尖至长渐尖,基部心形,偏斜,边缘具不等大的三角形浅齿,齿尖带短芒,并常呈波状或宽三角形的极浅齿,在宽侧出现较多,上面褐绿色,常有红晕,幼时散生硬毛,逐渐脱落,老时近无毛,下面色淡,带红晕或紫红色,沿脉散生硬毛或近无毛,掌状 7(~9)条脉,带紫红色,近中部分枝,呈羽状脉;叶柄有棱,近无毛;托叶膜质,长圆形至披针形,先端渐尖,早落。花葶有纵棱,无毛;花粉红色,较多数,2 ~4 回二歧聚伞状,花序梗基部常有 1 小叶,有纵棱,均无毛;苞片长圆形,先端钝,早落;雄花:花被片 4,外面 2 枚宽卵形或近圆形,先端圆,内面 2 枚倒卵形至倒卵长圆形,先端圆或钝,基部楔形,无毛;雌花:花被片 3,外面 2 枚近圆形或扁圆形,宽和长几

相等,先端圆,内面 1 枚,倒卵形,先端圆。蒴果下垂,果梗细弱,无毛;轮廓长圆形,无毛,具不等 3 翅,大的斜长圆形或三角长圆形;种子极多数,小,长圆形,淡褐色,光滑。花期 7 月开始,果期 8 月开始。

分布范围:产于华北、华中、华东、西南等地区。安阳林州太行山区有分布,生于山谷潮湿石壁上、山谷溪旁密林石上、山沟边岩石上和山谷灌丛中。

观赏价值:优良的观花、观叶植物,可盆栽也可地栽。

其他用途:全草入药。

四十一、胡颓子科 *Elaeagnaceae*

(一)胡颓子属 *Elaeagnus*

1. 牛奶子 *Elaeagnus umbellata*

别名:甜枣、麦粒子

形态特征:落叶直立灌木,常具刺;小枝甚开展,多分枝,幼枝密被银白色和少数黄褐色鳞片,有时全被深褐色或锈色鳞片,老枝鳞片脱落,灰黑色;芽银白色或褐色至锈色。叶纸质或膜质,椭圆形至卵状椭圆形或倒卵状披针形,顶端钝形或渐尖,基部圆形至楔形,边缘全缘或皱卷至波状,上面幼时具白色星状短柔毛或鳞片,成熟后全部或部分脱落,干燥后淡绿色或黑褐色,下面密被银白色和散生少数褐色鳞片,侧脉两面均略明显;叶柄白色。花较叶先开放,黄白色,芳香,密被银白色盾形鳞片,花簇生新枝基部,单生或成对生于幼叶腋;花梗白色;萼筒圆筒状漏斗形,稀圆筒形,在裂片下面扩展,向基部渐窄狭,在子房上略收缩,裂片卵状三角形,顶端钝尖,内面几无毛或疏生白色星状短柔毛;雄蕊的花丝极短,长约为花药的一半,花药矩圆形;花柱直立,疏生少数白色星状柔毛和鳞片,柱头侧生。果实几球形或卵圆形,幼时绿色,被银白色或有时全被褐色鳞片,成熟时红色;果梗直立,粗壮。花期 4~5 月,果期 7~8 月。

分布范围:产于华北、西北、华东、西南等地区。安阳林州太行山区有分布,生于向阳的林缘、灌丛中,荒坡上和沟边。

观赏价值:可作园林景观树种。

其他用途:果实可生食,制果酒、果酱;叶作土农药可杀棉蚜虫;果实、根和叶亦可入药。

(二)沙棘属　*Hippophae*

1. 中国沙棘　*Hippophae rhamnoides* Linn. subsp. *sinensis*

别名:醋柳、黄酸刺、酸刺柳、黑刺、酸刺

形态特征:落叶灌木或乔木,高可达 5 m,棘刺较多,粗壮,顶生或侧生;嫩枝褐绿色,密被银白色而带褐色鳞片,或有时具白色星状柔毛,老枝灰黑色,粗糙;芽大,金黄色或锈色。单叶通常近对生,与枝条着生相似,纸质,狭披针形或矩圆状披针形,两端钝形或基部近圆形,基部最宽,上面绿色,初被白色盾形毛或星状柔毛,下面银白色或淡白色,被鳞片,无星状毛;叶柄极短。果实圆球形,橙黄色或橘红色;种子小,阔椭圆形至卵形,有时稍扁,黑色或紫黑色,具光泽。花期 4～5 月,果期 9～10 月。

分布范围:产于西北、河北、内蒙古、山西、四川等省区。安阳林州太行山区有分布,常生于海拔 1 000 m 以上向阳的山脊、谷地、山坡。

观赏价值:其枝叶稠密,秋季果实橙黄,挂满全株,为很好的园林观赏树种。

其他用途:果实可加工成果酱、果汁等各种沙棘制品;种子可榨油;叶和嫩枝梢可作为饲料;树皮、叶、果含单宁酸,可分别用于染料及椅胶原料。

四十二、千屈菜科　*Lythraceae*

(一)千屈菜属　*Lythrum*

1. 千屈菜　*Lythrum salicaria*

别名:水柳、中型千屈菜、光千屈菜、水枝锦

形态特征:多年生草本,根茎横卧于地下,粗壮;茎直立,多分枝,全株青绿色,略被粗毛或密被茸毛,枝通常具 4 棱。叶对生或三叶轮生,披针形或阔披针形,顶端钝形或短尖,基部圆形或心形,有时略抱茎,全缘,无柄。花组成小聚伞花序,簇生,因花梗及总梗极短,因此花枝全形

似一大型穗状花序;苞片阔披针形至三角状卵形;萼筒有纵棱12条,稍被粗毛,裂片6,三角形;附属体针状,直立;花瓣6,红紫色或淡紫色,倒披针状长椭圆形,基部楔形,着生于萼筒上部,有短爪,稍皱缩;雄蕊12,6长6短,伸出萼筒之外;子房2室,花柱长短不一。蒴果扁圆形。

分布范围:产于全国各地;安阳市有分布,生于河岸、湖畔、溪沟边和潮湿草地。

观赏价值:优良的观花植物,常栽培于水边或作盆栽,供观赏。

其他用途:全草入药。

四十三、柳叶菜科 *Onagraceae*

(一)柳叶菜属 *Epilobium*

1.柳叶菜 *Epilobium hirsutum*

别名:鸡脚参、水朝阳花

形态特征:多年生粗壮草本,有时近基部木质化,在秋季自根颈常平卧生出长可达1 m多粗壮的地下匍匐根状茎,茎上疏生鳞片状叶,先端常生莲座状叶芽。茎常在中上部多分枝,周围密被伸展长柔毛,常混生较短而直的腺毛,尤花序上如此,稀密被白色绵毛。叶草质,对生,茎上部的互生,无柄,并多少抱茎;茎生叶披针状椭圆形至狭倒卵形或椭圆形,稀狭披针形,先端锐尖至渐尖,基部近楔形,边缘细锯齿,两面被长柔毛,有时在背面混生短腺毛,稀背面密被绵毛或近无毛,侧脉常不明显。总状花序直立;苞片叶状。花直立,花蕾卵状长圆形,红色。蒴果。种子倒卵状,顶端具很短的喙,深褐色,表面具粗乳突;种缨黄褐色或灰白色,易脱落。花期6~8月,果期7~9月。

分布范围:产于我国大部分省区;安阳林州太行山区有分布,生于河谷、溪流河床沙地或石砾地或沟边、湖边向阳湿处。

观赏价值:可作观花植物,生于水边。

其他用途:嫩苗、嫩叶可作色拉凉菜;根或全草入药。

四十四、山茱萸科　*Cornaceae*

（一）山茱萸属　*Cornus*

1. 四照花　*Cornus kousa* subsp. *chinensis*

形态特征:落叶小乔木;小枝纤细,幼时淡绿色,微被灰白色贴生短柔毛,老时暗褐色。叶对生,叶片为厚纸质,椭圆状披针形或卵状披针形,先端长渐尖,基部宽楔形,边缘全缘或有明显的细齿,上面绿色,疏生白色细伏毛,下面淡绿色,被白色贴生短柔毛,脉腋具黄色的绢状毛,中脉在上面明显,下面凸出,侧脉4~5对,在上面稍显明或微凹下,在下面微隆起;叶柄细圆柱形,被白色贴生短柔毛,上面有浅沟,下面圆形。头状花序球形;总苞片4,花瓣状,白色带红色,卵形或卵状披针形,先端渐尖,两面近于无毛;总花梗纤细,被白色贴生短柔毛;花小,花萼管状,上部4裂,裂片钝圆形或钝尖形,外侧被白色细毛,内侧微被白色短柔毛;花盘垫状;子房下位,花柱圆柱形,密被白色粗毛。果序球形,成熟时红色,微被白色细毛;总果梗纤细,近于无毛。花期5~6月,果期8~9月。

分布范围:产于陕西、湖北、西南、华东等省区。安阳林州太行山区有分布。生于海拔1 000 m以上的林缘或沟边。

观赏价值:优良的园林景观树种。

其他用途:果实可生食和酿造用。

2. 毛梾　*Cornus walteri*

别名:油树、车梁木

形态特征:落叶乔木,高可达15 m;树皮厚,黑褐色,纵裂而又横裂成块状;幼枝对生,绿色,略有棱角,密被贴生灰白色短柔毛,老后黄绿色,无毛。冬芽腋生,扁圆锥形,被灰白色短柔毛。叶对生,纸质,椭圆形、长圆椭圆形或阔卵形,先端渐尖,基部楔形,有时稍不对称,上面深绿色,稀被贴生短柔毛,下面淡绿色,密被灰白色贴生短柔毛,中脉在上面明显,下面凸出,侧脉4~5对,弓形内弯,在上面稍明显,下面凸起;叶柄幼时被有短柔毛,后渐无毛,上面平坦,下面圆形。伞房状聚伞花序顶生,花密,被灰白色短柔毛;花白色,有香味;花萼裂片4,绿色,齿状三角形,与花盘近于等长,外侧被有黄白色短柔毛;花瓣4,长圆披针形,上面无毛,下面有贴生短柔毛。核果球形,成熟时黑色,近于无毛;核骨质,扁圆球形,有不明显的肋纹。花期5月,果期9月。

分布范围:产于辽宁、河北、北京、山西以及华东、华中、华南、西南各省区。安阳林州太行山区有分布,生于海拔600 m以上杂木林或密林下。

观赏价值:为优良的园林绿化树种,可用作庭荫树、行道树。

其他用途:木本油料植物,果实含油,供食用或作高级润滑油;木材坚硬,纹理细密,可作家具、车辆、农具等用;叶和树皮可提制拷胶。

四十五、八角枫科

(一)八角枫属 *Alangium*

1. 瓜木 *Alangium platanifolium*

别名:八角枫

形态特征:落叶灌木或小乔木;树皮平滑,灰色或深灰色;小枝纤细,近圆柱形,常稍弯曲,略呈"之"字形,当年生枝淡黄褐色或灰色,近无毛;冬芽圆锥状卵圆形,鳞片三角状卵形,覆瓦状排列,外面有灰色短柔毛。叶纸质,近圆形,稀阔卵形或倒卵形,顶端钝尖,基部近于心脏形或圆形,不分裂或稀分裂,分裂者裂片钝尖或锐尖至尾状锐尖,边缘呈波状或钝锯齿状,上面深绿色,下面淡绿色,两面除沿叶脉或脉腋幼时有长柔毛或疏柔毛外,其余部分近无毛;主脉3~5条,由基部生出,常呈掌状,侧脉5~7对,和主脉相交成锐角,均在叶上面显著,下面微凸起,小叶脉仅在下面显著;叶柄圆柱形,稀上面稍扁平或略呈沟状,基部粗壮,向顶端逐渐细弱,有稀疏的短柔毛或无毛。聚伞花序生叶腋;花萼近钟形,外面具稀疏短柔毛,裂片5,三角形,花瓣6~7,线形,紫红色,外面有短柔毛,近基部较密,基部黏合,上部开花时反卷。核果长卵圆形或长椭圆形,顶端有宿存的花萼裂片,有短柔毛或无毛,有种子1颗。花期3~7月,果期7~9月。

分布范围:产于东北、西北、华北、华东、西南等地区。安阳林州太行山区有分布。

观赏价值:叶片美观,枝叶繁茂,花期较长,可作园林绿化树种。

其他用途:树皮含鞣质;纤维可作人造棉;根叶药用。

四十六、杜鹃花科　*Ericaceae*

(一)杜鹃花属　*Rhododendron*

1.照山白　*Rhododendron micranthum*

形态特征:常绿灌木;老枝灰色,纵裂,幼枝被鳞片。单叶散生,近革质,倒披针形、长圆状椭圆形至披针形,顶端钝,急尖或圆,具小突尖,基部狭楔形,上面深绿色,有光泽,常被疏鳞片,下面黄绿色,被淡或深棕色有宽边的鳞片,叶缘微反卷中上部有不明显细齿;伞形花序,大型花瓣状总包片4个,白色,花冠钟状,白色,外面被鳞片,内面无毛,花裂片5,较花管稍长。蒴果长圆形,被疏鳞片。花期5~6月,果期8~11月。

分布范围:产于我国东北、华北、华中、西北地区及山东、四川等省。安阳林州太行山区有分布,生于海拔1 000 m以上山坡灌丛、山谷、峭壁及岩石上。

观赏价值:其枝条细柔,花色洁白,可用作常绿绿化植物,植于庭院、公园,可供观赏。

其他用途:枝叶入药;其有剧毒,幼叶更毒,牲畜误食,易中毒死亡。

四十七、报春花科　*Primulaceae*

(一)报春花属　*Primula*

1.岩生报春　*Primula saxatilis*

形态特征:多年生草本,具短而纤细的根状茎,叶3~8枚丛生,叶片阔卵形至矩圆状卵形,先端钝,基部心形,边缘具缺刻状或羽状浅裂,裂片边缘有三角形牙齿,上面深绿色,被短柔毛,下面淡绿色,被柔毛,但沿叶脉较密,中肋和侧脉在下面显著;叶柄被柔毛。伞形花序1~2轮,每轮3~15花;苞片线形至矩圆状披针形,疏被短柔毛,有时先端具齿;花梗稍纤细,直立或稍下弯,被柔毛或短柔毛;花萼近筒状,疏被短毛或无毛,分裂达中部,裂片披针形至矩圆状披针形,直立,不展开,具明显的中肋;花冠淡紫红色,冠筒外面近于无毛,冠裂片倒卵形,先端具深凹缺;长花柱花:雄蕊着生于冠筒中下部,花柱长略低于冠筒口;短花柱花:雄蕊稍低于喉部环状附属物,花柱长达冠筒中部。花期5~6月。

分布范围:产于黑龙江、河北、北京、山西等省市。安阳林州太行山区有分布,生于林下和岩石缝中。

观赏价值:早春观花植物,花美色艳,具有较高的观赏价值。可盆栽,也可地栽。

2. 散布报春 *Primula conspersa*

别名:密布报春、灯台报春

形态特征:多年生草本。根状茎极短,具多数细长的须根。叶椭圆形、狭矩圆形或披针形,先端圆形或钝,基部渐狭窄,边缘具整齐的牙齿,幼时两面被短柄小腺体,渐变为秃净,中肋稍宽,侧脉极纤细;叶柄长仅达叶片的1/2或与叶片近等长,具狭翅。花葶直立,近顶端被粉质腺体;伞形花序1~2轮;苞片线状披针形,基部稍膨大;花梗纤细被粉质腺体;花萼钟状,外面被粉质腺体,分裂约达中部,裂片狭三角形,边缘具小腺毛;花冠蓝紫色或淡蓝色,冠筒口周围橙黄色,冠筒管状,冠檐裂片倒卵形,先端具深凹缺;长花柱花:雄蕊着生于冠筒中部,花柱微伸出冠筒口;短花柱花:雄蕊靠近冠筒喉部环状附属物,花柱约与花萼等长。蒴果长圆形,略长于宿存花萼。花期5~7月,果期8~9月。

分布范围:产于甘肃、陕西、山西、河南等省区。安阳林州太行山区有分布,生长于湿草地和林缘。

观赏价值:早春观花植物,花美色艳,具有较高的观赏价值。可盆栽,也可地栽。

(二)珍珠菜属 *Lysimachia*

1. 虎尾草 *Lysimachia barystachys*

别名:重穗排草、狼尾花

形态特征:多年生草本,具横走的根茎,全株密被卷曲柔毛。茎直立。叶互生或近对生,长圆状披针形、倒披针形以至线形,先端钝或锐尖,基部楔形,近于无柄。总状花序顶生,花密集,常转向一侧;花序轴后渐伸长;苞片线状钻形,花梗通常稍短于苞片;花萼分裂近达基部,裂片长圆形,周边膜质,顶端圆形,略呈啮蚀状;花冠白色,裂片舌状狭长圆形,先端钝或微凹,常有暗紫色短腺条;雄蕊内藏,具腺毛;花药椭圆形;花粉粒具3孔沟,长球形,表面近于平滑;子房无毛,花柱短。蒴果球形。花期5~8月,果期8~10月。

分布范围:产于东北、华中、华东、华北、西南等地区。安阳林州太行山区有分布,生于草甸、山坡路旁灌丛间。

观赏价值:植株整齐,花洁白素雅,别致美观,为优良的观花植物。

其他用途:全草入药。

2. 狭叶珍珠菜　*Lysimachia pentapetala*

形态特征:一年生草本,全体无毛。茎直立,圆柱形,多分枝,密被褐色无柄腺体。叶互生,狭披针形至线形,先端锐尖,基部楔形,上面绿色,下面粉绿色,有褐色腺点;叶柄短,长约0.5 mm。总状花序顶生,初时因花密集而成圆头状,后渐伸长;苞片钻形。花萼下部合生达全长的1/3或近1/2,裂片狭三角形,边缘膜质;花冠白色,近于分离,裂片匙形或倒披针形,先端圆钝;雄蕊比花冠短,花丝贴生于花冠裂片的近中部;花药卵圆形,长约1 mm;花粉粒具3孔沟,长球形,表面具网状纹饰;子房无毛。蒴果球形。花期7~8月,果期8~9月。

分布范围:产于我国东北、华北、华中及甘肃、陕西、安徽、山东等省区。安阳林州太行山区有分布,生于山坡荒地、路旁、田边和疏林下。

观赏价值:可作观花植物栽培。

其他用途:嫩叶作野菜可食用;全草入药。

四十八、柿树科　*Ebenaceae*

(一)柿属　*Diospyros*

1. 君迁子　*Diospyros lotus*

别名:软枣

形态特征:落叶乔木;树冠近球形或扁球形;树皮灰黑色或灰褐色,深裂或不规则的厚块状剥落;小枝褐色或棕色,有纵裂的皮孔;嫩枝通常淡灰色,有时带紫色,平滑或有时有黄灰色短柔毛。冬芽狭卵形,带棕色,先端急尖。叶近膜质,椭圆形至长椭圆形,先端渐尖或急尖,基部钝,宽楔形以至近圆形,上面深绿色,有光泽,初时有柔毛,但后渐脱落,下面绿色或粉绿色,有柔毛,且在脉上较多,或无毛,中脉在下面平坦或下陷,有微柔毛,在下面凸起,侧脉纤细,上面稍下陷,下面略凸起,小脉很纤细,连接成不规则的网状;叶柄长有时有短柔毛,上面有沟。雄花1~3朵腋生,簇生,近无梗;花萼钟形,4裂,偶有5裂,裂片卵形,先端急尖,内面有绢毛,边缘有睫毛;花冠壶形,带红色或淡黄色,4裂,裂片近圆形,边缘有睫毛;雌花单生,几无梗,淡绿色或带红色。果近球形或椭圆形,初熟时为淡黄色,后则变为蓝黑色,常被有白色薄蜡层,8室;种子长圆形,褐色,侧扁,背面较厚;宿存萼4裂,深裂至中部,裂片卵形,先端钝圆。花期5~6月,果期10~11月。

分布范围:产于辽宁、华东、华中、西南、西北、华北等地区。安阳林州太行山区有分布,生于山坡、山谷的灌丛中。

观赏价值:可作园林绿化树种。

其他用途:果实可供食用,亦可制成柿饼,又可供制糖、酿酒、制醋;木材质硬,耐磨损,可作纺织木梭、雕刻、小用具等;树皮可供提取单宁和制人造棉。

四十九、安息香科 *Styracaceae*

(一)安息香属 *Styrax*

1. 玉铃花 *Styrax obassia*

别名:老开皮、老丹皮、山棒子

形态特征:落叶乔木或灌木;树皮灰褐色,平滑;嫩枝略扁,常被褐色星状长柔毛,成长后无毛,圆柱形,紫红色。叶纸质,生于小枝最上部的互生,宽椭圆形或近圆形,顶端急尖或渐尖,基部近圆形或宽楔形,边缘具粗锯齿,上面无毛或仅叶脉上疏被灰色星状柔毛,下面密被灰白色星状茸毛;叶柄被黄棕色星状长柔毛,基部膨大成鞘状包围冬芽,生于小枝最下部的两叶近对生,椭圆形或卵形,顶端急尖,基部圆形;叶柄基部不膨大。花白色或粉红色,芳香,总状花序顶生或腋生,下部的花常生于叶腋,花序梗和花序轴近无毛;花梗密被灰黄色星状短茸毛,常稍向下弯;小苞片线形;花萼杯状,外面密被灰黄色星状短茸毛,顶端有不规则齿;萼齿三角形或披针形;花冠裂片膜质,椭圆形,外面密被白色星状短柔毛,花蕾时作覆瓦状排列,花冠管无毛;雄蕊较花冠裂片短,花丝扁平,上下近等宽,疏被星状柔毛或几无毛;花柱与花冠裂片近等长,无毛。果实卵形或近卵形,顶端具短尖头,密被黄褐色星状短茸毛;种子长圆形,暗褐色,近平滑,无毛。花期5~7月,果期8~9月。

分布范围:产于我国辽宁、山东、安徽、浙江、湖北、江西等省区。安阳林州太行山区有分布。

观赏价值:花美丽,可作园林景观树种。

其他用途:木材可作器具材、雕刻材、旋作材等细工用材;花芳香可提取芳香油;种子油可供制肥皂及润滑油。

五十、木樨科 *Oleaceae*

(一)流苏树属 *Chionanthus*

1. 流苏树 *Chionanthus retusus*

别名:糯米花、如密花、四月雪、油公子、白花菜

形态特征:落叶灌木或乔木,高可达20 m。小枝灰褐色或黑灰色,圆柱形,开展,无毛,幼枝淡黄色或褐色,疏被或密被短柔毛。叶片革质或薄革质,长圆形、椭圆形或圆形,有时卵形或倒卵形至倒卵状披针形,先端圆钝,有时凹入或锐尖,基部圆或宽楔形至楔形,稀浅心形,全缘或有小锯齿,叶缘稍反卷,幼时上面沿脉被长柔毛,下面密被或疏被长柔毛,叶缘具睫毛,老时上面沿脉被柔毛,下面沿脉密被长柔毛,稀被疏柔毛,其余部分疏被长柔毛或近无毛,中脉在上面凹入,下面凸起,侧脉两面微凸起或上面微凹入,细脉在两面常明显微凸起;叶柄密被黄色卷曲柔毛。聚伞状圆锥花序,顶生于枝端,近无毛;苞片线形,疏被或密被柔毛,花单性而雌雄异株或为两性花;花梗纤细,无毛;花萼4深裂,裂片尖三角形或披针形;花冠白色,4深裂,裂片线状倒披针形,花冠管短。果椭圆形,被白粉,呈蓝黑色或黑色。花期3~6月,果期6~11月。

分布范围:产于西北、西南、华北、华南等地区。安阳林州太行山区有分布。

观赏价值:流苏树植株高大优美、枝繁叶茂,花期如雪压树,且花形纤细,秀丽可爱,气味芳香,是优良的园林观赏树种,园林应用中可孤植点缀、片植、列植于公园、庭院等,均具很好的观赏效果。也可以进行盆栽,制作盆景。

其他用途:花、嫩叶晒干可代茶,味香;果可榨芳香油;木材可制器具。

(二)连翘属 *Forsythia*

1. 连翘 *Forsythia suspensa*

别名:毛连翘、黄花杆、黄寿丹

形态特征:落叶灌木。枝开展或下垂,棕色、棕褐色或淡黄褐色,小枝土黄色或灰褐色,略呈四棱形,疏生皮孔,节间中空,节部具实心髓。叶通常为单叶,或3裂至三出复叶,叶片卵形、宽卵形或椭圆状卵形至椭圆形,先端锐尖,基部圆形、宽楔形至楔形,叶缘除基部外具锐锯齿或粗锯齿,上面深绿色,下面淡黄绿色,两面无毛;叶柄无毛。花通常单生或2至数朵着生于叶腋,先于叶开放;花萼绿色,裂片长圆形或长圆状椭圆形,先端钝或锐尖,边缘具睫毛,与花冠管近等长;花冠黄色,裂片倒卵状长圆形或长圆形。果卵球形、卵状椭圆形或长椭圆形,先端喙状渐尖,表面疏生皮孔。花期3~4月,果期7~9月。

分布范围:产于辽宁、河北、山西、山东、安徽、河南等省。安阳林州太行山区有分布,生于海拔600 m以上山地。

观赏价值:为传统优良的早春观花灌木。

其他用途:果实入药。

(三)梣属 *Fraxinus*

1. 小叶梣 *Fraxinus bungeana*

别名:小叶白蜡

形态特征:落叶小乔木或灌木;树皮暗灰色,浅裂。顶芽黑色,圆锥形,侧芽阔卵形,内侧密被棕色曲柔毛和腺毛。当年生枝淡黄色,密被短茸毛,渐秃净,去年生枝灰白色,被稀疏毛或无毛,皮孔细小,椭圆形,褐色。羽状复叶;叶柄基部增厚;叶轴直,上面具窄沟,被细茸毛;小叶5~7枚,硬纸质,阔卵形,菱形至卵状披针形,顶生小叶与侧生小叶几等大,先端尾尖,基部阔楔形,叶缘具深锯齿至缺裂状,两面均光滑无毛,中脉在两面凸起,侧脉细脉明显网结;小叶柄短,被柔毛。圆锥花序顶生或腋生枝梢,疏被茸毛;花序梗扁平,被细茸毛,渐秃净;花梗细;雄花花萼小,杯状,萼齿尖三角形,花冠白色至淡黄色,裂片线形,雄蕊与裂片近等长,花药小,椭圆形,花丝细;两性花花萼较大,萼齿锥尖,花冠裂片长,雄蕊明显短,雌蕊具短花柱,柱头2浅裂。翅果匙状长圆形,上中部最宽,先端急尖、钝;圆或微凹,翅下延至坚果中下部,坚果略扁;花萼宿存。花期5月,果期8~9月。

分布范围:产于我国山西、辽宁、河北、山东、安徽、河南等地,安阳林州太行山区有分布,生于海拔600 m以上较干燥向阳的沙质土壤和岩石缝隙中。

观赏价值:小叶白蜡树皮光滑,枝茂叶密,树冠圆形,为优良的园林绿化树种。

其他用途:树皮入药名"秦皮";木材坚硬,供制小农具。

(四)丁香属 *Syringa*

1. 北京丁香 *Syringa reticulata* subsp. *pekinensis*

别名:臭多罗

形态特征:大灌木或小乔木;树皮褐色或灰棕色,纵裂。小枝带红褐色,细长,向外开展,具显著皮孔,萌枝被柔毛。叶片纸质,卵形、宽卵形至近圆形,或为椭圆状卵形至卵状披针形,先端长渐尖、骤尖、短渐尖至锐尖,基部圆形、截形至近心形,或为楔形,上面深绿色,干时略呈褐色,无毛,侧脉平,下面灰绿色,无毛,稀被短柔毛,侧脉平或略凸起;叶柄细弱,无毛,稀有被短柔毛。花序由1对或2至多对侧芽抽生,栽培的更长而宽;花序轴、花梗、花萼无毛;花序轴散生皮孔;花萼截形或具浅齿;花冠白色,呈辐状,花冠管与花萼近等长或略长,裂片卵形或长椭圆形,先端锐尖或钝,或略呈兜状;花丝略短于或稍长于裂片,花药黄色,长圆形。果长椭圆形至披针形,先端锐尖至长渐尖,光滑,稀疏生皮孔。花期5~8月,果期8~10月。

分布范围:产于我国内蒙古、河北、山西、河南、西北等地区。安阳林州太行山区有分布,生于海拔600 m以上山坡灌丛、疏林、密林中。

观赏价值:北京丁香开花较晚,花期5月,枝叶茂盛,花序繁多,为华北地区晚春初夏重要观花观叶树种,可用作景观树和行道树。

其他用途:枝叶茂盛,北京庭园广为栽培供观赏。

2. 暴马丁香 *Syringa reticulata* subsp. *amurensis*

别名:暴马子、白丁香、荷花丁香

形态特征:落叶小乔木或大乔木,具直立或开展枝条;树皮紫灰褐色,具细裂纹。枝灰褐色,无毛,当年生枝绿色或略带紫晕,无毛,疏生皮孔,二年生枝棕褐色,光亮,无毛,具较密皮孔。叶片厚纸质,宽卵形、卵形至椭圆状卵形,或为长圆状披针形,先端短尾尖至尾状渐尖或锐尖,基部常圆形,或为楔形、宽楔形至截形,上面黄绿色,干时呈黄褐色,侧脉和细脉明显凹入使叶面呈皱缩,下面淡黄绿色,秋时呈锈色,无毛,稀沿中脉略被柔毛,中脉和侧脉在下面凸起;叶柄无毛。圆锥花序由1到多对着生于同一枝条上的侧芽抽生;花序轴、花梗和花萼均无毛;花序轴具皮孔;花萼萼齿钝、凸尖或截平;花冠白色,呈辐状,花冠管裂片卵形,先端锐尖;花丝与花冠裂片近等长或长于裂片,花药黄色。果长椭圆形,先端常钝,或为锐尖、凸尖,光滑或具细小皮孔。花期6~7月,果期8~10月。

分布范围:产于东北、华北等地区。安阳林州太行山区有分布,生于海拔600 m以上山坡灌丛、疏林、密林中。

观赏价值:暴马丁香开花较晚,花期5月,枝叶茂盛,花序繁多,为华北地区晚春初夏重要观花观叶树种,可用作景观树和行道树。

其他用途:树皮、树干及茎枝入药;花的浸膏可调制各种香精。

五十一、龙胆科 *Gentianaceae*

(一)龙胆属 *Gentiana*

1. 红花龙胆 *Gentiana rhodantha*

别名:红龙胆、龙胆草、小青鱼胆、星秀花

　　形态特征:多年生草本,具短缩根茎。根细条形,黄色。茎直立,单生或数个丛生,常带紫色,具细条棱,微粗糙,上部多分枝。基生叶呈莲座状,椭圆形、倒卵形或卵形,先端急尖,基部楔形,渐狭呈短柄,边缘膜质浅波状;茎生叶宽卵形或卵状三角形,先端渐尖或急尖,基部圆形或心形,边缘浅波状,叶脉下面明显,有时疏被毛,无柄或下部的叶具极短而扁平的柄,外面密被短毛或无毛,基部连合成短筒抱茎。花单生茎顶,无花梗;花萼膜质,有时微带紫色,萼筒脉稍突起具狭翅,裂片线状披针形,边缘有时疏生睫毛,弯缺圆形;花冠淡红色,上部有紫色纵纹,筒状,上部稍开展,裂片卵形或卵状三角形,先端钝或渐尖,褶宽三角形,比裂片稍短,先端具细长流苏。蒴果内藏或仅先端外露,淡褐色,长椭圆形,两端渐狭,果皮薄;种子淡褐色,近圆形,具翅。花果期10月至翌年2月。

　　分布范围:产于西南、甘肃、陕西、河南、湖北、广西等省区。安阳林州太行山区有分布,生于海拔1 000 m以上高山灌丛、草地及林下。

　　观赏价值:红花龙胆花色艳丽,为优良的观花植物。

　　其他用途:全草入药。

(二)扁蕾属　*Gentianopsis*

1. 扁蕾　*Gentianopsis barbata*

　　形态特征:一年生或二年生草本。茎单生,直立,近圆柱形,下部单一,上部有分枝,条棱明显,有时带紫色。基生叶多对,常早落,匙形或线状倒披针形,先端圆形,边缘具乳突,基部渐狭成柄,中脉在下面明显,具叶柄;茎生叶对生,无柄,狭披针形至线形,先端渐尖,边缘具乳突,基部钝,分离,中脉在下面明显。花单生茎或分枝顶端;花梗直立,近圆柱形,有明显的条棱,果时更长;花萼筒状,稍扁,略短于花冠,或与花冠筒等长,裂片2对,不等长,异形,具白色膜质边缘,外对线状披针形,先端尾状渐尖,内对卵状披针形,先端渐尖;花冠筒状漏斗形,筒部黄白色,檐部蓝色或淡蓝色,裂片椭圆形,先端圆形,有小尖头,边缘有小齿,下部两侧有短的细条裂齿;腺体近球形,下垂;花丝线形,花药黄色,狭长圆形;子房具柄,狭椭圆形,花柱短。蒴果具短柄,与花冠等长;

种子褐色,矩圆形,表面有密的指状突起。花果期7~9月。

分布范围:产于我国西南、西北、华北、东北等地区。安阳林州太行山区有分布,生于海拔1 000 m以上水沟边、山坡草地、林下、灌丛中。

观赏价值:为不可多得的蓝花植物资源。

其他用途:全草入药。

五十二、夹竹桃科 *Apocynaceae*

(一)络石属 *Trachelospermum*

1. 络石 *Trachelospermum jasminoides*

别名:万字茉莉、络石藤、万字茉莉、风车藤

形态特征:常绿木质藤本,具乳汁;茎赤褐色,圆柱形,有皮孔;小枝被黄色柔毛,老时渐无毛。叶革质或近革质,椭圆形至卵状椭圆形或宽倒卵形,顶端锐尖至渐尖或钝,有时微凹或有小凸尖,基部渐狭至钝,叶面无毛,叶背被疏短柔毛,老渐无毛;叶面中脉微凹,侧脉扁平,叶背中脉凸起,侧脉扁平或稍凸起;叶柄短,被短柔毛,老渐无毛;叶柄内和叶腋外腺体钻形。二歧聚伞花序腋生或顶生,花多朵组成圆锥状,与叶等长或较长;花白色,芳香;总花梗被柔毛,老时渐无毛;苞片及小苞片狭披针形;花萼5深裂,裂片线状披针形,顶部反卷,外面被有长柔毛及缘毛,内面无毛,基部具鳞片状腺体;花蕾顶端钝,花冠筒圆筒形,中部膨大,外面无毛,内面在喉部及雄蕊着生处被短柔毛,花冠裂片无毛。蓇葖双生,叉开,无毛,线状披针形,向先端渐尖;种子多颗,褐色,线形,顶端具白色绢质种毛。花期3~7月,果期7~12月。

分布范围:产于我国华北、华东、中南、西南广大地区。安阳太行山区有分布,生于山野、溪边、路旁、林缘或杂木林中,常缠绕于树上或攀缘于墙壁上、岩石上。

观赏价值:络石是很好的地被或垂直绿化植物和芳香花卉,在园林中多作地被,或盆栽悬垂观赏。

其他用途:根、茎、叶、果实供药用;茎皮纤维可制绳索、造纸及人造棉;花芳香,可提取"络石浸膏"。

五十三、萝藦科　*Asclepiadaceae*

(一)萝藦属　*Metaplexis*

1. 萝藦　*Metaplexis japonica*

别名:羊婆奶、羊角、天浆壳、蔓藤草、奶合藤、老人瓢

形态特征:多年生草质藤本,具乳汁;茎圆柱状,下部木质化,上部较柔韧,表面淡绿色,有纵条纹,幼时密被短柔毛,老时被毛渐脱落。叶膜质,卵状心形,顶端短渐尖,基部心形,叶耳圆,两叶耳展开或紧接,叶面绿色,叶背粉绿色,两面无毛,或幼时被微毛,老时被毛脱落;侧脉在叶背略明显;叶柄顶端具丛生腺体。总状式聚伞花序腋生或腋外生,具长总花梗;总花梗被短柔毛;花梗被短柔毛;小苞片膜质,披针形,顶端渐尖;花蕾圆锥状,顶端尖;花萼裂片披针形,外面被微毛;花冠白色,有淡紫红色斑纹,近辐状,花冠筒短,花冠裂片披针形,张开,顶端反折,基部向左覆盖,内面被柔毛;副花冠环状,着生于合蕊冠上,短5裂,裂片兜状;雄蕊连生成圆锥状,并包围雌蕊在其中,花药顶端具白色膜片;花粉块卵圆形,下垂;子房无毛,柱头延伸成1长喙,顶端2裂。蓇葖叉生,纺锤形,平滑无毛,顶端急尖,基部膨大。种子扁平,卵圆形,有膜质边缘,褐色,顶端具白色绢质种毛。花期7~8月,果期9~12月。

分布范围:分布于东北、华北、华中、华东和甘肃、陕西、贵州等省区。安阳市有分布,生于林边荒地、山脚、河边、路旁灌木丛中。

观赏价值:萝藦可地栽布置庭院和公园,是矮墙、花廊、花架、篱栅、矮柱等处的良好垂直绿化材料。

其他用途:全株可药用;茎皮纤维可造人造棉。

(二)杠柳属　*Periploca*

1. 杠柳　*Periploca sepium*

别名:羊奶子、羊角条、羊奶条、羊角叶

形态特征:落叶蔓性灌木。主根圆柱状,外皮灰棕色,内皮浅黄色。具乳汁,除花外,全株无毛;茎皮灰褐色;小枝通常对生,有细条纹,具皮孔。叶卵状长圆形,顶端渐尖,基部楔形,叶面深绿色,叶背淡绿色;中

脉在叶面扁平,在叶背微凸起,侧脉纤细,两面扁平。聚伞花序腋生,着花数朵;花序梗和花梗柔弱;花萼裂片卵圆形,顶端钝,花萼内面基部有10个小腺体;花冠紫红色,辐状,花冠筒短,裂片长圆状披针形,中间加厚呈纺锤形,反折,内面被长柔毛,外面无毛;副花冠环状,10裂;雄蕊着生在副花冠内面,并与其合生,花药彼此黏连并包围着柱头,背面被长柔毛;心皮离生,无毛,每心皮有胚珠多个,柱头盘状凸起;花粉器匙形,四合花粉藏在载粉器内,黏盘黏连在柱头上。蓇葖2,圆柱状,无毛,具有纵条纹;种子长圆形,黑褐色,顶端具白色绢质种毛。花期5~6月,果期7~9月。

分布范围:产于东北、华北、华东、华中、西南、西北等地区。安阳市有分布,生于平原及低山丘的林缘、沟坡、河边沙质地或地埂等处。

观赏价值:杠柳地栽布置庭院和公园,是矮墙、花廊、花架、篱栅、矮柱等处的良好垂直绿化材料。

其他用途:根茎皮可药用。

五十四、旋花科 *Convolvulaceae*

(一)打碗花属 *Calystegia*

1.打碗花 *Calystegia hederacea*

别名:燕覆子、兔耳草、富苗秧、傅斯劳草、兔儿苗、扶七秧子、小旋花

形态特征:一年生草本,全体不被毛,植株通常矮小,常自基部分枝,具细长白色的根。茎细,平卧,有细棱。基部叶片长圆形,顶端圆,基部戟形,上部叶片3裂,中裂片长圆形或长圆状披针形,侧裂片近三角形,全缘或2~3裂,叶片基部心形或戟形。花腋生,1朵,花梗长于叶柄,有细棱;苞片宽卵形,顶端钝或锐尖至渐尖;萼片长圆形,顶端钝,具小短尖头,内萼片稍短;花冠淡紫色或淡红色,钟状,冠檐近截形或微裂;雄蕊近等长,花丝基部扩大,贴生花冠管基部,被小鳞毛;子房无毛,柱头2裂,裂片长圆形,扁平。蒴果卵球形,宿存萼片与之近等长或稍短。种子黑褐色,表面有小疣。

分布范围:产于我国各地,从平原至高海拔地方都有生长,为农田、

荒地、路旁常见的杂草。安阳市有分布。

观赏价值：可作园林观花植物。

其他用途：嫩茎叶可作野菜食用；根入药。

(二)牵牛属　*Pharbitis*

1. 牵牛　*Ipomoea nil*

别名：裂叶牵牛、大牵牛花、喇叭花、牵牛花、二牛子、二丑

形态特征：一年生缠绕草本，茎上被倒向的短柔毛及杂有倒向或开展的长硬毛。叶宽卵形或近圆形，深或浅的3裂，偶5裂，基部圆，心形，中裂片长圆形或卵圆形，渐尖或骤尖，侧裂片较短，三角形，裂口锐或圆，叶面或疏或密被微硬的柔毛；叶柄毛被同茎。花腋生，单一或通常2朵着生于花序梗顶，花序梗长短不一，通常短于叶柄，有时较长，毛被同茎；苞片线形或叶状，被开展的微硬毛；小苞片线形；萼片近等长，披针状线形，内面2片稍狭，外面被开展的刚毛，基部更密，有时也杂有短柔毛；花冠漏斗状，蓝紫色或紫红色，花冠管色淡；雄蕊及花柱内藏；雄蕊不等长；花丝基部被柔毛；子房无毛，柱头头状。蒴果近球形，3瓣裂。种子卵状三棱形，黑褐色或米黄色，被褐色短茸毛。

分布范围：产于我国除西北和东北的大部分地区。安阳市有分布，生于山坡灌丛、干燥河谷路边、园边宅旁、山地路边。

观赏价值：观花藤本植物。

其他用途：种子为常用中药，名丑牛子、黑丑、白丑、二丑(黑、白种子混合)。

2. 圆叶牵牛　*Ipomoea purpurea*

别名：打碗花、连簪簪、牵牛花、心叶牵牛

形态特征：一年生缠绕草本，茎上被倒向的短柔毛，杂有倒向或开展的长硬毛。叶圆心形或宽卵状心形，基部圆，心形，顶端锐尖、骤尖或渐尖，通常全缘，偶有3裂，两面疏或密被刚伏毛；叶柄毛被与茎同。花腋生，单一或2~5朵着生于花序梗顶端成伞形聚伞花序，花序梗比叶柄短或近等长，毛被与茎相同；苞片线形，被开展的长硬毛；花梗被倒向短柔毛及长硬毛；萼片近等长，外面3片长椭圆形，渐尖，内面2片线状

披针形,外面均被开展的硬毛,基部更密;花冠漏斗状,紫红色、红色或白色,花冠管通常白色,瓣中带于内面色深,外面色淡;雄蕊与花柱内藏;雄蕊不等长,花丝基部被柔毛;子房无毛,3室,每室2胚珠,柱头头状;花盘环状。蒴果近球形,3瓣裂。种子卵状三棱形,黑褐色或米黄色,被极短的糠秕状毛。

分布范围:原产热带美洲,归化植物,分布于中国大部分地区。安阳市有分布,生于平地以至山区田边、路边、宅旁或山谷林内,栽培或沦为野生。

观赏价值:观花藤本植物。

其他用途:种子入药。

五十五、马鞭草科 *Verbenaceae*

(一)紫珠属 *Callicarpa*

1.华紫珠 *Callicarpa cathayana*

别名:鱼显子

形态特征:落叶灌木;小枝纤细,幼嫩稍有星状毛,老后脱落。叶片椭圆形或卵形,顶端渐尖,基部楔形,两面近于无毛,而有显著的红色腺点,侧脉在两面均稍隆起,细脉和网脉下陷,边缘密生细锯齿;具叶柄。聚伞花序细弱,3~4次分歧,略有星状毛,苞片细小;花萼杯状,具星状毛和红色腺点,萼齿不明显或钝三角形;花冠紫色,疏生星状毛,有红色腺点,花丝等于或稍长于花冠,花药长圆形,药室孔裂;子房无毛,花柱略长于雄蕊。果实球形,紫色。花期5~7月,果期8~11月。

分布范围:产于华中、华东、华南等地区。安阳林州太行山区有分布,生于山坡、谷地的丛林中。

观赏价值:优良的观果植物。

其他用途:根叶入药。

(二)莸属 *Caryopteris*

1.三花莸 *Caryopteris terniflora*

别名:风寒草、金线风、六月寒、蜂子草、大风寒草、黄刺泡、野荆芥

形态特征:落叶直立亚灌木,常自基部即分枝;茎方形,密生灰白色向下弯曲柔毛。叶片纸质,卵圆形至长卵形,顶端尖,基部阔楔形至圆形,两面具柔毛和腺点,以背面较密,边缘具规则钝齿,侧脉3~6对;叶柄被柔毛。聚伞花序腋生,花序梗通常3花,偶有1或5花;苞片细小,锥形;花萼钟状,两面有柔毛和腺点,5裂,裂片披针形;花冠紫红色或淡红色,外面疏被柔毛和腺点,顶端5裂,二唇形,裂片全缘,下唇中裂片较大,圆形;雄蕊4枚,与花柱均伸出花冠管外;子房顶端被柔毛,花柱长过雄蕊。蒴果成熟后四瓣裂,果瓣倒卵状舟形,无翅,表面明显凹凸成网纹,密被糙毛。花果期6~9月。

分布范围:产于我国河北、山西、陕西、甘肃、江西、湖北、四川、云南。安阳太行山区有分布,生于山坡、平地或水沟河边。

观赏价值:优良的观花植物。

其他用途:全草药用。

(三)大青属 *Clerodendrum*

1. 臭牡丹 *Clerodendrum bungei*

别名:臭八宝、臭梧桐、矮桐子、大红袍、臭枫根

形态特征:灌木,高1~2 m,植株有臭味;花序轴、叶柄密被褐色、黄褐色或紫色脱落性的柔毛;小枝近圆形,皮孔显著。叶片纸质,宽卵形或卵形,顶端尖或渐尖,基部宽楔形、截形或心形,边缘具粗或细锯齿,侧脉4~6对,表面散生短柔毛,背面疏生短柔毛和散生腺点或无毛,基部脉腋有数个盘状腺体。伞房状聚伞花序顶生,密集;苞片叶状,披针形或卵状披针形,早落或花时不落,早落后在花序梗上残留凸起的痕迹,小苞片披针形,长约1.8 cm;花萼钟状,被短柔毛及少数盘状腺体,萼齿三角形或狭三角形;花冠淡红色、红色或紫红色,花冠裂片倒卵形;雄蕊及花柱均突出花冠外;花柱短于、等于或稍长于雄蕊;柱头2裂,子房4室。核果近球形,成熟时蓝黑色。花果期5~11月。

分布范围:产于华北、西北、西南、华东、中南等地区。安阳林州太行山区有分布,生于山坡、林缘、沟谷、路旁、灌丛润湿处。

观赏价值:臭牡丹为优良的观花观叶植物,其叶大色绿,花序稠密

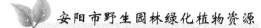

鲜艳,花期较长,园林应用中可植于庭院、公园、廊道等处,也可作地被植物及绿篱栽培,花枝可用来插花。

其他用途:根、茎、叶入药。

2. *海州常山* *Clerodendrum trichotomum*

别名:香楸、后庭花、追骨风、臭梧、泡火桐、臭梧桐

形态特征:灌木或小乔木;幼枝、叶柄、花序轴等多少被黄褐色柔毛或近于无毛,老枝灰白色,具皮孔,髓白色,有淡黄色薄片状横隔。叶片纸质,卵形、卵状椭圆形或三角状卵形,顶端渐尖,基部宽楔形至截形,偶有心形,表面深绿色,背面淡绿色,两面幼时被白色短柔毛,老时表面光滑无毛,背面仍被短柔毛或无毛,或沿脉毛较密,侧脉 3~5 对,全缘或有时边缘具波状齿;具叶柄。伞房状聚伞花序顶生或腋生,通常二歧分枝,疏散,末次分枝着花 3 朵,花序梗多少被黄褐色柔毛或无毛;苞片叶状,椭圆形,早落;花萼蕾时绿白色,后紫红色,基部合生,中部略膨大,有 5 棱脊,顶端 5 深裂,裂片三角状披针形或卵形,顶端尖;花香,花冠白色或带粉红色,花冠管细,顶端 5 裂,裂片长椭圆形;雄蕊4,花丝与花柱同伸出花冠外;花柱较雄蕊短,柱头 2 裂。核果近球形,包藏于增大的宿萼内,成熟时外果皮蓝紫色。花果期 6~11 月。

分布范围:产于我国西北、华北、中南、西南等地区。安阳林州太行山区有分布,生于山坡灌丛中。

观赏价值:海州常山株形开展,枝叶繁茂,花序大,花果美丽,一株树上花果共存,白、红、蓝色泽亮丽,花果期长,为良好的观花、观果植物。可孤植、列植或群植于庭院、山坡、溪边、堤岸及林下。

其他用途:根、茎、叶、花均可入药。

(四)牡荆属 *Vitex*

1. *黄荆* *Vitex negundo*

形态特征:灌木或小乔木;小枝四棱形,密生灰白色茸毛。掌状复叶,小叶 5,少有 3;小叶片长圆状披针形至披针形,顶端渐尖,基部楔形,全缘或每边有少数粗锯齿,表面绿色,背面密生灰白色茸毛;中间小叶较长,两侧小叶依次递小,若具 5 小叶时,中间 3 片小叶有柄,最外侧

的 2 片小叶无柄或近于无柄。聚伞花序排成圆锥花序式,顶生,花序梗密生灰白色茸毛;花萼钟状,顶端有 5 裂齿,外有灰白色茸毛;花冠淡紫色,外有微柔毛,顶端 5 裂,二唇形;雄蕊伸出花冠管外;子房近无毛。核果近球形;宿萼接近果实的长度。花期 4 ~ 6 月,果期 7 ~ 10 月。

分布范围:主产我国长江以南各省。安阳林州太行山区有分布,生于山坡路旁或灌木丛中。

观赏价值:可作园林绿化树种,可作园林盆景栽培或作绿篱栽培。

其他用途:茎皮可造纸及制人造棉;茎叶、种子入药;花和枝叶可提取芳香油。

2. 牡荆 *Vitex negundo var. cannabifolia*

形态特征:落叶灌木或小乔木;小枝四棱形。叶对生,掌状复叶,小叶 5,少有 3;小叶片披针形或椭圆状披针形,顶端渐尖,基部楔形,边缘有粗锯齿,表面绿色,背面淡绿色,通常被柔毛。圆锥花序顶生,;花冠淡紫色。果实近球形,黑色。花期 6 ~ 7 月,果期 8 ~ 11 月。

分布范围:产于华东、华北、中南、西南等地区。安阳林州太行山区有分布,生于山坡路边灌丛中。

观赏价值:可作园林绿化树种,可作园林盆景栽培或作绿篱栽培。牡荆树姿优美,老桩苍古奇特,是优良的树桩盆景树种。

其他用途:茎皮可造纸及制人造棉;茎叶、种子入药;花和枝叶可提取芳香油。

五十六、唇形科 *Lamiaceae*

(一)藿香属 *Agastache*

1. 藿香 *Agastache rugosa*

别名:合香、苍告、山茴香、白薄荷

形态特征:多年生草本。茎直立,四棱形,上部被极短的细毛,下部无毛,在上部具能育的分枝。叶心状卵形至长圆状披针形,向上渐小,先端尾状长渐尖,基部心形,稀截形,边缘具粗齿,纸质,上面橄榄绿色,近无毛,下面略淡,被微柔毛及点状腺体;具叶柄。轮伞花序多花,在主茎或侧枝上组成顶生密集的圆筒形穗状花序,穗状花序;花序基部的苞

叶披针状线形,长渐尖,苞片形状与之相似,较小;轮伞花序具短梗,总梗被腺微柔毛。花萼管状倒圆锥形,被腺微柔毛及黄色小腺体,多少染成浅紫色或紫红色,喉部微斜,萼齿三角状披针形。花冠淡紫蓝色,外被微柔毛,冠筒微超出于萼,向上渐宽,冠檐二唇形,上唇直伸,先端微缺,下唇3裂,中裂片较宽大,平展,边缘波状,基部宽,侧裂片半圆形。雄蕊伸出花冠,花丝细,扁平,无毛。花柱与雄蕊近等长,丝状,先端相等的2裂。花盘厚环状。子房裂片顶部具茸毛。成熟小坚果卵状长圆形,腹面具棱,先端具短硬毛,褐色。花期6~9月,果期9~11月。

分布范围:全国各地广泛分布,常见栽培,安阳林州太行山区有分布。

观赏价值:藿香花冠淡紫蓝色,全株具有芳香味,为优良的园林绿化植物,可用于花径、池畔和庭院成片栽植。

其他用途:全草入药;果可作香料;叶及茎均富含挥发性芳香油,可提制芳香油;嫩茎叶可食用。

(二)筋骨草属 *Ajuga*

1.筋骨草 *Ajuga ciliata*

别名:四枝春

形态特征:多年生草本,根部膨大,直立,无匍匐茎。茎四棱形,基部略木质化,紫红色或绿紫色,通常无毛,幼嫩部分被灰白色长柔毛。叶柄长1 cm以上或几无,绿黄色,有时呈紫红色,基部抱茎,被灰白色疏柔毛或仅边缘具缘毛;叶片纸质,卵状椭圆形至狭椭圆形,基部楔形,下延,先端钝或急尖,边缘具不整齐的双重牙齿,具缘毛,上面被疏糙伏毛,下面被糙伏毛或疏柔毛,侧脉约4对,与中脉在上面下陷,下面隆起。穗状聚伞花序顶生,由多数轮伞花序密聚排列组成;苞叶大,叶状,有时呈紫红色,卵形,先端急尖,基部楔形,全缘或略具缺刻,两面无毛或仅下面脉上被疏柔毛,边缘具缘毛;花梗短,无毛。花萼漏斗状钟形,仅在齿上外面被长柔毛和具缘毛,余部无毛,具10脉,萼齿5,长三角形或狭三角形,先端锐尖,长为花萼之半或略长,整齐。花冠紫色,具蓝色条纹,冠筒长为花萼的一倍或较长,外面被疏柔毛,内面被微柔毛,近基部具毛环,冠簷二唇形,上唇短,直立,先端圆形,微缺,下唇增大,伸长,3 裂,中裂片倒心形,侧裂片线状长圆形。小坚果长圆状或卵状三棱形,背部具网状皱纹,腹部中间隆起,果脐大,几占整个腹面。花期 4~8 月,果期 7~9 月。

分布范围: 产于我国河北、北京、山东、河南、山西、陕西、甘肃、四川等省市。安阳林州太行山区有分布,生于山谷溪旁、阴湿的草地上、林下湿润处及路旁草丛中。

观赏价值: 可作园林观花植物。

其他用途: 全草入药。

(三)青兰属 *Dracocephalum*

1. 毛建草 *Dracocephalum rupestre*

别名: 毛尖茶、毛尖、岩青兰、岩青蓝、君梅茶

形态特征: 多年生草本,根茎直,生出多数茎。茎不分枝,渐升,四棱形,疏被倒向的短柔毛,常带紫色。基出叶多数,花后仍多数存在,具常柄,被不密的伸展白色长柔毛,叶片三角状卵形,先端钝,基部常为深心形,或为浅心形,边缘具圆锯齿,两面疏被柔毛;茎中部叶具明显的叶柄,叶柄通常长过叶片,有时较叶片稍短,叶片似基出叶;花序处之叶变小,具鞘状短柄,或几无柄。轮伞花序密集,通常成头状;花具短梗;苞片大者倒卵形,疏被短柔毛及睫毛,每侧具带刺的小齿,小者倒披针形,每侧有 2~3 带刺小齿。花萼常带紫色,被短柔毛及睫毛,2 裂,上唇 3 裂至本身基部,中齿倒卵状椭圆形,先端锐短渐尖,宽为侧齿的 2 倍,侧齿披针形,先端锐渐尖,下唇 2 裂稍超过本身基部,齿狭披针形。花冠紫蓝色,外面被短毛,下唇中裂片较小,无深色斑点及白长柔毛。花丝疏被柔毛,顶端具尖的突起。花期 7~9 月。

分布范围: 产于辽宁、华北、西北等省区。安阳林州太行山区有分布,生于海拔 1 000 m 以上的山地草原、草坡或疏林下阳处。

观赏价值: 毛建草花紫蓝而大,为不可多得的蓝花观赏植物,可盆栽或地栽观赏。

其他用途: 全草具香气,可代茶用。

（四）香薷属 *Elsholtzia*

1. 华北香薷 *Elsholtzia stauntoni*

别名：木香薷、柴荆芥、香荆芥、山菁芥、荆芥、臭荆芥、野荆芥

形态特征：落叶直立半灌木。茎上部多分枝,小枝下部近圆柱形,上部钝四棱形,具槽及细条纹,带紫红色,被灰白色微柔毛。叶披针形至椭圆状披针形,先端渐尖,基部渐狭至叶柄,边缘除基部及先端全缘外具锯齿状圆齿,上面绿色,除边缘及中脉被微柔毛外余部极无毛,下面白绿色,除中脉及侧脉略被微柔毛外余部无毛但密布细小腺点,侧脉6～8对,与中脉在上面明显凹陷、下面明显隆起;叶柄腹凹背凸,常带紫色,被微柔毛。穗状花序伸长,生于茎枝及侧生小花枝顶上,由具5～10花、近偏向于一侧的轮伞花序所组成。花萼管状钟形,外面密被灰白色茸毛,内面仅在萼齿上被灰白色茸毛,余部无毛,萼齿5,卵状披针形;果时花萼伸长,明显管状。花冠玫瑰红紫色,冠檐二唇形。小坚果椭圆形,光滑。花、果期7～10月。

分布范围：产于河北、北京、山西、河南、陕西、甘肃等省区;安阳林州太行山区有分布,生于海拔8 000 m以上谷地溪边或河川沿岸草坡及石山上。

观赏价值：华北香薷花色艳丽,易于栽培,为优良的观花灌木,在园林应用中可丛植、列植或配植花坛、花境,均有很好的观赏效果。

其他用途：木香薷花、茎、叶可提取香料;种子含有脂肪酸可榨油,可用于调制干性油、油漆及工业用;含有挥发油,可作食用调料;其含挥发油对一些昆虫具有致死作用,可应用于仓储工业中。

2. 香薷 *Elsholtzia ciliata*

别名：香茹、香草

形态特征：一年生直立草本,具密集的须根。茎通常自中部以上分枝,钝四棱形,具槽,无毛或被疏柔毛,常呈麦秆黄色,老时变紫褐色。叶卵形或椭圆状披针形,先端渐尖,基部楔状下延成狭翅,边缘具锯齿,上面绿色,疏被小硬毛,下面淡绿色,主沿脉上疏被小硬毛,余部散布松脂状腺点,侧脉6～7对,与中肋两面稍明显;叶柄背平腹凸,边缘具狭

翅,疏被小硬毛。穗状花序偏向一侧,由多花的轮伞花序组成;苞片宽卵圆形或扁圆形,先端具芒状突尖;花梗纤细,近无毛,序轴密被白色短柔毛。花萼钟形,外面被疏柔毛,疏生腺点,内面无毛,萼齿5,三角形,前2齿较长,先端具针状尖头,边缘具缘毛。花冠淡紫色,约为花萼长之3倍,外面被柔毛,上部夹生有稀疏腺点,喉部被疏柔毛,冠筒自基部向上渐宽,冠檐二唇形,上唇直立,先端微缺,下唇开展,3裂,中裂片半圆形,侧裂片弧形,较中裂片短。小坚果长圆形,棕黄色,光滑。花期7~10月,果期10月至翌年1月。

分布范围:我国除新疆、青海外大部分省区都有分布。安阳林州太行山区有分布,生于山坡、荒地、林内、河岸。

观赏价值:香薷花色艳丽,为优良的观花植物,在园林应用中可丛植、列植或配植花坛、花境,均有很好的观赏效果。

其他用途:全草入药;嫩叶可作猪饲料。

(五)黄芩属 *Scutellaria*

1. 黄芩 *Scutellaria baicalensis*

别名:香水水草、黄筋子、黄芩

形态特征:多年生草本;根茎肥厚,肉质,伸长而分枝。茎基部伏地,上升,钝四棱形,具细条纹,近无毛或被上曲至开展的微柔毛,绿色或带紫色,自基部多分枝。叶坚纸质,披针形至线状披针形,顶端钝,基部圆形,全缘,上面暗绿色,无毛或疏被贴生至开展的微柔毛,下面色较淡,无毛或沿中脉疏被微柔毛,密被下陷的腺点,侧脉4对,与中脉上面下陷、下面凸出;叶柄短,腹凹背凸,被微柔毛。花序在茎及枝上顶生,总状,常再于茎顶聚成圆锥花序;花梗与序轴均被微柔毛;苞片下部者似叶,上部者远较小,卵圆状披针形至披针形,近于无毛。花萼盾片外面密被微柔毛,萼缘被疏柔毛,内面无毛,果时花萼有盾片。花冠紫、紫红至蓝色,外面密被具腺短柔毛,内面在囊状膨大处被短柔毛;冠筒近基部明显膝曲;冠檐二唇形,上唇盔状,先端微缺,下唇中裂片三角状卵圆形,两侧裂片向上唇靠合。小坚果卵球形,黑褐色,具瘤,腹面近基部具果脐。花期7~8月,果期8~9月。

分布范围：产于东北、河北、北京、河南、甘肃、陕西、山西、山东、四川等地,安阳林州太行山区有分布,生于向阳草坡地、荒地上。

观赏价值：优良的观花植物。

其他用途：根茎入药;茎秆可提制芳香油,亦可代茶用而称为芩茶。

2. 并头黄芩　*Scutellaria scordifolia*

别名：山麻子、头巾草

形态特征：多年生草本。根茎斜行或近直伸,节上生须根。茎直立,四棱形,基部常带紫色,在棱上疏被上曲的微柔毛,或几无毛,不分枝,或具或多或少或长或短的分枝。叶具很短的柄或近无柄,柄腹凹,背凸,被小柔毛;叶片三角状狭卵形,三角状卵形,或披针形,先端大多钝,稀微尖,基部浅心形,近截形,边缘大多具浅锐牙齿,稀生少数不明显的波状齿,极少近全缘,上面绿色,无毛,下面较淡,沿中脉及侧脉疏被小柔毛,有时几无毛,具多数凹点,有时有不具凹点,侧脉约 3 对,上面凹陷,下面明显凸起。花单生于茎上部的叶腋内,偏向一侧;花梗被短柔毛,近基部有一对长约 1 mm 的针状小苞片。花萼被短柔毛及缘毛,具盾片。花冠蓝紫色,外面被短柔毛,内面无毛;冠筒基部浅囊状膝曲,向上渐宽;冠檐二唇形,上唇盔状,内凹,先端微缺,下唇中裂片圆状卵圆形,先端微缺,最宽处 7 mm,2 侧裂片卵圆形,先端微缺。小坚果黑色,椭圆形,具瘤状突起,腹面近基部具果脐。花期 6 ~ 8 月,果期 8 ~ 9 月。

分布范围：产于东北、西北、华北等地区;生于草地或湿草甸,安阳林州太行山区有分布。

观赏价值：优良的观花植物。

其他用途：根茎入药,叶可代茶用。

（六）鼠尾草属　*Salvia*

1. 丹参　*Salvia miltiorrhiza*

别名：血参、赤丹参、紫丹参、活血根、红根红参、红根

形态特征：多年生直立草本;根肥厚,肉质,外面朱红色,内面白色,疏生支根。茎直立,高 40 ~ 80 cm,四棱形,具槽,密被长柔毛,多分枝。

叶常为奇数羽状复叶,叶柄密被向下长柔毛,小叶卵圆形或椭圆状卵圆形或宽披针形,先端锐尖或渐尖,基部圆形或偏斜,边缘具圆齿,草质,两面被疏柔毛,下面较密,小叶柄与叶轴密被长柔毛。轮伞花序 6 花或多花,下部者疏离,上部者密集,组成具长梗的顶生或腋生总状花序;苞片披针形,先端渐尖,基部楔形,全缘,上面无毛,下面略被疏柔毛,比花梗长或短;花梗花序轴密被长柔毛或具腺长柔毛。花萼钟形,带紫色,花后稍增大,外面被疏长柔毛及具腺长柔毛,具缘毛,内面中部密被白色长硬毛,二唇形,上唇全缘,三角形,先端具 3 个小尖头,侧脉外缘具狭翅,下唇与上唇近等长,深裂成 2 齿,齿三角形,先端渐尖。花冠紫蓝色,外被具腺短柔毛,尤以上唇为密,冠筒外伸,比冠檐短,向上渐宽,至喉部宽达 8 mm,冠檐二唇形,上唇镰刀状,向上竖立,先端微缺,下唇短于上唇,3 裂,中裂片先端二裂,裂片顶端具不整齐的尖齿,侧裂片短,顶端圆形。小坚果黑色,椭圆形。花果期 4~8 月。

分布范围:产于华北、华东、华中等地区;安阳林州太行山区有分布,生于山坡、林下草丛或溪谷旁。

观赏价值:优良的观花植物。

其他用途:根入药。

五十七、茄科 *Solanaceae*

(一)酸浆属 *Alkekengi*

1. 挂金灯 *Alkekengi officinarum* var. *franchetii*

别名:红姑娘、泡泡草、锦灯笼、天泡

形态特征:多年生草本,基部常匍匐生根。茎基部略带木质,茎节膨大。叶在茎基部互生,在茎上部假对生,长卵形至阔卵形,有时菱状卵形,顶端渐尖,基部不对称狭楔形,下延至叶柄,全缘而波状或者有粗牙齿,有时每边具少数不等大的三角形大牙齿,仅叶缘有短毛。花梗开花时直立,后来向下弯曲,无毛;花萼阔钟状,萼齿三角形,边缘有硬毛;花冠辐状,白色,裂片开展,阔而短,顶端骤然狭窄成三角形尖头,外面有短柔毛,边缘有缘毛;雄蕊及花柱均较花冠为短。果梗无毛;果萼卵状薄革质,网脉显著,有 10 纵肋,橙色或火红色,无毛,顶端闭合,基部

凹陷;浆果球状,橙红色,柔软多汁。种子肾形,淡黄色。花期5~9月,果期6~10月。

分布范围:我国除西藏外其他各省区均有分布;安阳林州太行山区有分布,常生于田野、沟边、山坡草地、林下或路旁水边。

观赏价值:挂金灯可作园林观果植物,其生长势旺盛,果实亮丽,可培育在公园、公共绿地、庭院等处,有很好的观赏效果。

其他用途:果可食和药用。

(二)枸杞属 *Lycium*

1. 枸杞 *Lycium chinense*

别名:狗奶子、狗牙根、狗牙子、牛右力、红珠仔刺、枸杞菜

形态特征:落叶多分枝灌木;枝条细弱,弓状弯曲或俯垂,淡灰色,有纵条纹,有棘刺,生叶和花的棘刺较长,小枝顶端锐尖成棘刺状。叶纸质或栽培者质稍厚,单叶互生或簇生,卵形、卵状菱形、长椭圆形、卵状披针形,顶端急尖,基部楔形;具叶柄。花在长枝上单生或双生于叶腋,在短枝上则同叶簇生;花梗向顶端渐增粗。花萼通常3中裂或4~5齿裂,裂片多少有缘毛;花冠漏斗状,淡紫色,筒部向上骤然扩大,稍短于或近等于檐部裂片,5深裂,裂片卵形,顶端圆钝,平展或稍向外反曲,边缘有缘毛,基部耳显著;雄蕊较花冠稍短,或因花冠裂片外展而伸出花冠,花丝在近基部处密生一圈茸毛并交织成椭圆状的毛丛,与毛丛等高处的花冠筒内壁亦密生一环茸毛;花柱稍伸出雄蕊,上端弓弯,柱头绿色。浆果红色,卵状,栽培者可成长矩圆状或长椭圆状,顶端尖或钝。种子扁肾形,黄色。花果期6~11月。

分布范围:产于我国东北、华北、西南、华中、华南和华东各省区;安阳市广为分布,常生于山坡、荒地、丘陵地、路旁及村边宅旁。

观赏价值:枸杞株形曲弓婀娜,叶色翠绿,花开淡紫,果实鲜红,为优良的园林观赏树种,可盆景观赏,也可地栽观赏植物。

其他用途:果实入药称枸杞子;根皮入药称地骨皮;嫩叶可作野菜食用;种子油可制润滑油或食用油;枸杞子可以加工成各种食品、饮料、保健酒、保健品等;其耐干旱、耐贫瘠,可作为水土保持的灌木。

五十八、玄参科　*Scrophulariaceae*

(一)山罗花属　*Melampyrum*

1. 山罗花　*Melampyrum roseum*

形态特征:落叶直立草本,植株全体疏被鳞片状短毛,有时茎上还有两列多细胞柔毛。茎通常多分枝,少不分枝,近于四棱形。叶柄短,叶片披针形至卵状披针形,顶端渐尖,基部圆钝或楔形。苞叶绿色,仅基部具尖齿至整个边缘具多条刺毛状长齿,较少几乎全缘的,顶端急尖至长渐尖。花萼常被糙毛,脉上常生多细胞柔毛,萼齿长三角形至钻状三角形,生有短睫毛;花冠紫色、紫红色或红色,筒部长为檐部长的2倍左右,上唇内面密被须毛。蒴果卵状渐尖,直或顶端稍向前偏,被鳞片状毛,少无毛的。种子黑色。花期夏秋。

分布范围:分布于东北、华北、华中及华东各省。安阳林州太行山区有分布,生于山坡灌丛及草丛中。

观赏价值:优良的观花草本植物。

(二)泡桐属　*Paulownia*

1. 楸叶泡桐　*Paulownia catalpifolia*

别名:小叶泡桐、无籽泡桐、山东泡桐

形态特征:落叶大乔木,树冠为高大圆锥形,树干通直。叶片通常长卵状心形,长约为宽的2倍,顶端长渐尖,全缘或波状而有角,上面无毛,下面密被星状茸毛。花序枝的侧枝不发达,花序金字塔形或狭圆锥形,小聚伞花序有明显的总花梗,与花梗近等长;萼浅钟形,在开花后逐渐脱毛,浅裂达1/3~2/5处,萼齿三角形或卵圆形;花冠浅紫色,较细,管状漏斗形,内部常密布紫色细斑点,基部向前弓曲,檐部2唇形。蒴果椭圆形,幼时被星状茸毛。花期4月,果期7~8月。

分布范围:分布于山东、河北、北京、山西、河南、陕西等省区。安阳林州太行山区有分布。

观赏价值:树干通直高大,枝叶茂密,开花繁多,生长迅速,为优良的庭荫树和园林绿化树种。

其他用途:其木材可用于家具、乐器制造、航空包装、人造板生产、文化用品手工艺品等,是我国优良的出口材之一。

(三)松蒿属 *Phtheirospermum*

1. 松蒿 *Phtheirospermum japonicum*

形态特征:一年生草本,植体被多细胞腺毛。茎直立或弯曲而后上升,通常多分枝。叶具有狭翅之柄,叶片长三角状卵形,近基部的羽状全裂,向上则为羽状深裂;小裂片长卵形或卵圆形,多少歪斜,边缘具重锯齿或深裂。穗状花序生于枝顶,花萼钟状,萼齿5枚,叶状,披针形,羽状浅裂至深裂,裂齿先端锐尖;花冠紫红色至淡紫红色,外面被柔毛;上唇裂片三角状卵形,下唇裂片先端圆钝;花丝基部疏被长柔毛。蒴果卵珠形。种子卵圆形,扁平。花果期6~10月。

分布范围:产于我国除西北以外各省区。安阳林州太行山区有分布,生于山坡灌丛阴处。

观赏价值:可作园林观花植物。

其他用途:全草入药。

(四)婆婆纳属 *Veronica*

1. 水蔓菁 *Pseudolysimachion linariifolium* subsp. *dilatatum*

别名:追风草

形态特征:多年生草本植物,根状茎短。茎直立,单生,少2支丛生,常不分枝,通常有白色而多卷曲的柔毛。叶几乎完全对生,至少茎下部的对生,叶片宽条形至卵圆形,下端全缘而中上端边缘有三角状锯齿,极少整片叶全缘的,两面无毛或被白色柔毛。总状花序单支或数支复出,长穗状;花梗被柔毛;花冠蓝色、紫色,少白色,筒部后方裂片卵圆形,其余3枚卵形;花丝无毛,伸出花冠。蒴果米。花期6~9月。

分布范围:产于我国甘肃至云南以东、陕西、山西和河北以南各省区。安阳林州太行山区有分布。

观赏价值:优良的观花植物。

其他用途:根叶药用;苗叶味甜,可作野菜食用。

（五）马先蒿属　*Pedicularis*

1. 红纹马先蒿　*Pedicularis striata*

形态特征：多年生草本，直立，干时不变黑；根粗壮，有分枝。茎单出，或在下部分枝，老时木质化，壮实，密被短卷毛，老时近于无毛。叶互生，基生者成丛，至开花时常已枯败，茎叶很多，渐上渐小，至花序中变为苞片，叶片均为披针形，羽状深裂至全裂，中肋两旁常有翅，裂片平展，线形，边缘有浅锯齿，齿有胼胝，叶柄在基叶中与叶片等长或稍短，茎生叶柄较短。花序穗状，伸长，稠密，偶然下部的花疏远，或在结果时稍疏，轴被密毛；苞片三角形，或披针形，下部者多少叶状而有齿，上部者全缘，短于花，无毛或被卷曲缘毛；萼钟形，薄革质，被疏毛，齿5枚，不相等，后方一枚较短，三角形，侧生者两两结合成端有2裂的大齿，缘有卷曲之毛；花冠黄色，具绛红色的脉纹，管在喉部以下向右扭旋，使花冠稍稍偏向右方，其长约等于盔，盔强大，向端作镰形弯曲，端部下缘具2齿，下唇不很张开，稍短于盔，3浅裂，侧裂斜肾脏形，中裂宽过于长，叠置于侧裂片之下。蒴果卵圆形，两室相等，稍扁平，有短凸尖，约含种子16颗；种子极小，近扁平，长圆形，或卵圆形，黑色。花期6～7月，果期7～8月。

分布范围：产自我国北方诸省。安阳林州太行山区有分布，生于海拔1 000 m以上的高山草原及疏林中。

观赏价值：可作园林观花植物。

其他用途：全草入药。

2. 返顾马先蒿　*Pedicularis resupinata*

形态特征：多年生草本，直立，干时不变黑色。根多数丛生，细长而纤维状。茎常单出，上部多分枝，粗壮而中空，多方形有棱，有疏毛或几无毛。叶密生，均茎出，互生或有时下部甚或中部者对生，叶柄短，上部之叶近于无柄，无毛或有短毛；叶片膜质至纸质，卵形至长圆状披针形，前方渐狭，基部广楔形或圆形，边缘有钝圆的重齿，齿上有浅色的胼胝或刺状尖头，且常反卷，渐上渐小而变为苞片，两面无毛或有疏毛。花单生于茎枝顶端的叶腋中，无梗或有短梗；萼长卵圆形，多少膜质，脉有网结,几无毛,前方深裂,齿仅2枚,宽三角形,全缘或略有齿,光滑或有微缘毛。花冠淡紫红色,管伸直,近端处略扩大,自基部起即向右扭旋,由脉理清晰可见,此种扭旋使下唇及盔部成为回顾之状,盔的直立部分与花管同一指向,在此部分以上作两次多少膝盖状弓曲,第一次向前上方成为含有雄蕊的部分,其背部常多少有毛,第二次至额部再向前下方以形成长不超过3 mm的圆锥形短喙,下唇稍长于盔,以锐角开展,3裂,中裂较小,略向前凸出,广卵形;雄蕊花丝前面1对有毛;柱头伸出于喙端。蒴果斜长圆状披针形。花期6~8月,果期7~9月。

分布范围:产于我国东北、华北、西北、西南等地区。安阳林州太行山区有分布,生于湿润草地及林缘。

观赏价值:可作园林观花植物。

其他用途:根入药叫"马先蒿"。

五十九、紫葳科 *Bignoniaceae*

(一)梓属 *Catalpa*

1.梓 *Catalpa ovata*

别名:梓树、木角豆、水桐楸、黄花楸、臭梧桐

形态特征:落叶乔木,高达15 m;树冠伞形,主干通直,嫩枝具稀疏柔毛。叶对生或近于对生,有时轮生,阔卵形,长宽近相等,顶端渐尖,基部心形,全缘或浅波状,常3浅裂,叶片上面及下面均粗糙,微被柔毛或近于无毛,侧脉4~6对,基部掌状脉5~7条。顶生圆锥花序;花序梗微被疏毛。花萼蕾时圆球形,2唇开裂。花冠钟状,淡黄色,内面具2黄色条纹及紫色斑点。能育雄蕊2,花丝插生于花冠筒上,花药叉开;退化雄蕊3。子房上位,棒状。花柱丝形,柱头2裂。蒴果线形,下垂。种子长椭圆形,两端具有平展的长毛。花期5月,果期7~9月。

分布范围:产于我国长江流域及以北地区;安阳市有分布。

观赏价值:梓树树体高大,树姿优美,叶片浓密,花繁果茂,春日满树白花,成簇状长条形果实挂满树枝,别致美观,为优良的园林绿化树种,应用中可作行道树、庭荫树。

其他用途:木材可做家具、制琴底;嫩叶可食;叶或树皮可作农药;

果实(梓实)入药;种子可榨油;根皮、叶入药。

2.楸　*Catalpa bungei*

别名:金丝楸、楸树、木王

形态特征:落叶乔木,高可达12 m。叶三角状卵形或卵状长圆形,顶端长渐尖,基部截形,阔楔形或心形,有时基部具有1~2牙齿,叶面深绿色,叶背无毛。顶生伞房状总状花序,有花2~12朵。花萼蕾时圆球形,2唇开裂,顶端有2尖齿。花冠淡红色,内面具有2黄色条纹及暗紫色斑点。蒴果线形。种子狭长椭圆形,两端生长毛。花期5~6月,果期6~10月。

分布范围:产于华北、华中、华东、西南等地区。安阳市有分布。

观赏价值:树体高大,树干通直,树姿优美,叶片浓密,花繁果茂,成簇状长条形果实挂满树枝,别致美观,为优良的园林绿化树种,应用中可作行道树、庭荫树。

其他用途:木材坚硬,为良好的建筑用材;花可炒食,叶可喂猪;茎皮、叶、种子入药。

(二)角蒿属　*Incarvillea*

1.角蒿　*Incarvillea sinensis*

别名:羊角草、羊角透骨草、羊角蒿、萝蒿

形态特征:一年生至多年生草本,具分枝的茎;根近木质而分枝。叶互生,不聚生于茎的基部,羽状细裂,形态多变异,小叶不规则细裂,末回裂片线状披针形,具细齿或全缘。顶生总状花序,疏散;小苞片绿色,线形。花萼钟状,绿色带紫红色,萼齿钻状,萼齿间皱褶2浅裂。花冠淡玫瑰色或粉红色,有时带紫色,钟状漏斗形,基部收缩成细筒,花冠裂片圆形。雄蕊着生于花冠筒近基部,花药成对靠合。花柱淡黄色。蒴果淡绿色,细圆柱形,顶端尾状渐尖。种子扁圆形,细小,四周具透明的膜质翅,顶端具缺刻。花期5~9月,果期10~11月。

分布范围:产于东北、华北、西北、西南等地区。安阳林州太行山区有分布。

观赏价值:可作园林观花植物。

其他用途:全草入药。

六十、苦苣苔科 *Gesneriaceae*

(一)珊瑚苣苔属 *Corallodiscus*

1. 珊瑚苣苔 *Corallodiscus cordatulus*

形态特征:多年生草本。叶全部基生,莲座状,外层叶具柄;叶片革质、卵形、长圆形,顶端圆形,基部楔形,边缘具细圆齿,上面平展,有时具不明显的皱褶,稀呈泡状,疏被淡褐色长柔毛至近无毛,下面多为紫红色,近无毛,侧脉每边约4条,上面明显,下面隆起,密被锈色绵毛;叶柄上面疏被淡褐色长柔毛,下面密被锈色绵毛。聚伞花序;花序梗与花梗疏生淡褐色长柔毛至无毛;苞片不存在。花萼5裂至近基部,裂片长圆形至长圆状披针形,外面疏被柔毛至无毛,内面无毛,具3脉。花冠筒状,淡紫色、紫蓝色,外面无毛,内面下唇一侧具髯毛和斑纹;上唇2裂,裂片半圆形,下唇3裂,裂片宽卵形至卵形。蒴果线形。花期6月,果期8月。

分布范围:产于西南、陕西、湖北、湖南、广西、广东、山西、河南及河北等省区。安阳林州太行山区有分布,生于海拔1 000 m以上山坡岩石上。

观赏价值:珊瑚苣苔是一种观赏性好的野花,叶丛整齐美观,聚伞花序多花,每朵淡紫色或蓝紫色的小花都有着长长的花冠筒,犹如一个个蓝紫色的小铃铛挂在花序,美丽又可爱。

其他用途:全草药用。

(二)旋蒴苣苔属 *Boea*

1. 旋蒴苣苔 *Boea hygrometrica*

别名:石花子、八宝茶、牛耳草、猫耳朵、散瘀草

形态特征:多年生草本。叶全部基生,莲座状,无柄,近圆形、圆卵形、卵形,上面被白色贴伏长柔毛,下面被白色或淡褐色贴伏长茸毛,顶端圆形,边缘具牙齿或波状浅齿,叶脉不明显。聚伞花序伞状;花序梗被淡褐色短柔毛和腺状柔毛;苞片2,极小或不明显;花梗被短柔毛。

花萼钟状,5 裂至近基部,裂片稍不等,上唇 2 枚略小,线状披针形,外面被短柔毛,顶端钝,全缘。花冠淡蓝紫色,外面近无毛;檐部稍二唇形,上唇 2 裂,裂片相等,长圆形,比下唇裂片短而窄,下唇 3 裂,裂片相等,宽卵形或卵形。雄蕊 2,花丝扁平,无毛,花药卵圆形,顶端连着,药室 2,顶端汇合。无花盘。雌蕊不伸出花冠外,子房卵状长圆形,被短柔毛,花柱无毛,柱头 1,头状。蒴果长圆形,外面被短柔毛,螺旋状卷曲。种子卵圆形。花期 7~8 月,果期 9 月。

分布范围:产于华东、中南、西南、华北、辽宁等省区。安阳林州太行山区有分布,生于山坡路旁岩石上。

观赏价值:旋蒴苣苔叶色碧绿,株形优美,花朵玲珑可爱,尤其是能生在岩石上。可开发应用于园林假山、山石园的绿化。

其他用途:全草药用。

六十一、茜草科　*Rubiaceae*

(一)野丁香属　*Leptodermis*

1.薄皮木　*Leptodermis oblonga*

别名:白柴、华山野丁香

形态特征:落叶灌木;小枝纤细,灰色至淡褐色,被微柔毛,表皮薄,常片状剥落。叶纸质,披针形或长圆形,有时椭圆形或近卵形,顶端渐尖或短渐尖,稍钝头,基部渐狭或有时短尖,上面粗糙,下面被短柔毛或近无毛;侧脉每边约 3 条,下面明显,网状小脉两面不明显;叶柄短;托叶基部阔三角形,顶端骤尖,尖头硬。花无梗,常 3~7 朵簇生枝顶,很少在小枝上部腋生;小苞片透明,卵形,外面被柔毛,裂片近三角形,顶端有硬尖头,与萼近等长;萼裂片阔卵形,顶端钝,边缘密生缘毛;花冠淡紫红色,漏斗状,外面被微柔毛,冠管狭长,下部常弯曲,裂片狭三角形或披针形,顶端内弯;短柱花雄蕊微伸出,花药线形,长柱花内藏,花药线状长圆形;花柱具 4~5 个线形柱头裂片,长柱花微伸出,短柱花内藏。蒴果长 5~6 mm,种子有网状、与种皮分离的假种皮。花期 6~8 月,果期 10 月。

分布范围:产于我国华北,尤以河北最常见。安阳林州太行山区有分布,生于山坡、路边等向阳处。

观赏价值:薄皮木株形矮小,夏秋开花,玲珑可爱,为很好的园林观花植物,可孤植,也可群植于草坪、路边、墙隅、假山旁及林缘观赏。

其他用途:嫩枝叶可作牛羊饲料。

(二)鸡矢藤属 *Paederia*

1. 鸡矢藤 *Paederia foetida*

别名:鸡屎藤、解署藤、女青、牛皮冻

形态特征:落叶藤状灌木,无毛或被柔毛。叶对生,膜质,卵形或披针形,顶端短尖或削尖,基部浑圆,有时心形,叶上面无毛,在下面脉上被微毛;侧脉每边4~5条,在上面柔弱,在下面突起;具叶柄;托叶卵状披针形,顶部2裂。圆锥花序腋生或顶生,扩展;小苞片微小,卵形或锥形,有小睫毛;花有小梗,生于柔弱的三歧常作蝎尾状的聚伞花序上;花萼钟形,萼檐裂片钝齿形;花冠紫蓝色,通常被茸毛,裂片短。果阔椭圆形,压扁,光亮,顶部冠以圆锥形的花盘和微小宿存的萼檐裂片;小坚果浅黑色,具1阔翅。花期5~6月。

分布范围:产于我国黄河以南各省区。安阳市有分布。

观赏价值:可作垂直绿化植物。

其他用途:全草入药。

六十二、忍冬科 *Caprifoliaceae*

(一)忍冬属 *Lonicera*

1. 北京忍冬 *Lonicera elisae*

别名:毛母娘、狗骨头、四月红、破皮袄

形态特征:落叶灌木,高达3 m多;幼枝无毛或连同叶柄和总花梗均被短糙毛、刚毛和腺毛,二年生小枝常有深色小瘤状突起。冬芽近卵圆形,有数对亮褐色、圆卵形外鳞片。叶纸质,卵状椭圆形至卵状披针形或椭圆状矩圆形,顶端尖或渐尖;两面被短硬伏毛,下面被较密的绢丝状长糙伏毛和短糙毛。花与叶同时开放,总花梗出自二年生小枝顶端苞腋;苞片宽卵形至卵状披针形或披针形,下面被小刚毛;相邻两萼

筒分离,有腺毛和刚毛或几无毛,萼檐有不整齐钝齿,其中 1 枚较长,有硬毛及腺缘毛或无毛;花冠白色或带粉红色,长漏斗状,外被糙毛或无毛,筒细长,基部有浅囊,裂片稍不整齐,卵形或卵状矩圆形,长约为筒的 1/3;雄蕊不高出花冠裂片;花柱稍伸出,无毛。果实红色,椭圆形,疏被腺毛和刚毛或无毛;种子淡黄褐色,稍扁,矩圆形或卵圆形,平滑。花期 4~5 月,果熟期 5~6 月。

分布范围:产于河北、北京、山西、陕西、甘肃、安徽、浙江、河南、湖北及四川等省区。安阳林州太行山区有分布,生于沟谷或山坡丛林或灌丛中。

观赏价值:北京忍冬可作园林绿化植物,为北方早春开花树种,花白色或粉红色,浆果红色,椭圆形,非常美丽,为优良的观花观果绿化树种。

其他用途:浆果味甜,可食用。

2.郁香忍冬　*Lonicera fragrantissima*

别名:四月红

形态特征:半常绿或有时落叶灌木;幼枝无毛或疏被倒刚毛,间或夹杂短腺毛,毛脱落后留有小瘤状突起,老枝灰褐色。冬芽有 1 对顶端尖的外鳞片,将内鳞片盖没。叶厚纸质或带革质,形态变异很大,从倒卵状椭圆形、椭圆形、圆卵形、卵形至卵状矩圆形,顶端短尖或具凸尖,基部圆形或阔楔形,两面无毛或仅下面中脉有少数刚伏毛,或仅下面基部中脉两侧有稍弯短糙毛,有时上面中脉有伏毛,边缘多少有硬睫毛或几无毛;叶柄有刚毛。花先于叶或与叶同时开放,芳香,生于幼枝基部苞腋,苞片披针形至近条形;相邻两萼筒约连合至中部,萼檐近截形或微 5 裂;花冠白色或淡红色,外面无毛或稀有疏糙毛,唇形,内面密生柔毛,基部有浅囊,裂片深达中部,下唇舌状,反曲;雄蕊内藏,花丝长短不一;花柱无毛。果实鲜红色,矩圆形,部分连合;种子褐色,稍扁,矩圆形,有细凹点。花期 2~4 月,果熟期 4~5 月。

分布范围:产于河北、北京、河南、湖北、安徽南部、浙江、江西等省区。安阳林州太行山区有分布,生于山坡灌丛中。

观赏价值:郁香忍冬枝叶茂盛,先花后叶,花芳香,夏季果红艳,奇

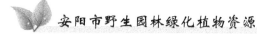

特美丽,是优美的观花观果灌木。适宜栽植于庭院、草坪边缘、园路两侧及假山前后,也可作盆景材料。

其他用途:果实可食,也可作饮料。

3. 苦糖果　*Lonicera fragrantissima* var. lancifolia

别名:狗蛋子、羊尿泡、驴奶果、苦竹泡、鸡骨头、芋奶头、羊奶头

形态特征:落叶灌木。小枝和叶柄有时具短糙毛。叶卵形、椭圆形或卵状披针形,呈披针形或近卵形者较少,通常两面被刚伏毛及短腺毛,或至少下面中脉被刚伏毛,有时中脉下部或基部两侧夹杂短糙毛。花柱下部疏生糙毛。花期1~4月,果熟期5~6月。

分布范围:产于华东、华中、西南等地区。安阳林州太行山区有分布,生于向阳山坡林中、灌丛中或溪涧旁。

观赏价值:枝叶茂盛,先花后叶,花芳香,夏季果红艳,奇特美丽,是优美的观花观果灌木。适于栽植于庭院、草坪边缘、园路两侧及假山前后,也可作盆景材料。

其他用途:果实可食,也可作饮料。

(二)接骨木属　*Sambucus*

1. 接骨木　*Sambucus williamsii*

别名:九节风、续骨草、木蒴藋、东北接骨木

形态特征:落叶灌木或小乔木;老枝淡红褐色,具明显的长椭圆形皮孔,髓部淡褐色。羽状复叶,侧生小叶片卵圆形、狭椭圆形至倒矩圆状披针形,顶端尖、渐尖至尾尖,边缘具不整齐锯齿,有时基部或中部以下具1至数枚腺齿,基部楔形或圆形,有时心形,两侧不对称,顶生小叶卵形或倒卵形,顶端渐尖或尾尖,基部楔形,初时小叶上面及中脉被稀疏短柔毛,后光滑无毛,叶搓揉后有臭气;托叶狭带形,或退化成带蓝色的突起。花与叶同出,圆锥形聚伞花序顶生,具总花梗,花序分枝多成直角开展,有时被稀疏短柔毛,随即光滑无毛;花小而密;萼筒杯状,萼齿三角状披针形,稍短于萼筒;花冠蕾时带粉红色,开后白色或淡黄色,筒短,裂片矩圆形或长卵圆形。果实红色,极少蓝紫黑色,卵圆形或近圆形;分核2~3枚,卵圆形至椭圆形,略有皱纹。花期4~5月,果熟期

9～10月。

分布范围:产于东北、华北、华东、中南、西南等省区。安阳林州太行山区有分布,生于山坡、灌丛、沟边等地。

观赏价值:优良的观叶、观果灌木。

其他用途:茎、枝、花、叶均可入药。

(三)荚蒾属　*Viburnum*

1. 陕西荚蒾　*Viburnum schensianum*

别名:浙江荚蒾、土栾树、土栾条、冬栾条

形态特征:落叶灌木,高可达3 m;幼枝、叶下面、叶柄及花序均被由黄白色簇状毛组成的茸毛;芽常被带锈褐色簇状毛;二年生小枝稍四角状,灰褐色,老枝圆筒形,散生圆形小皮孔。叶纸质,卵状椭圆形、宽卵形或近圆形,顶端钝或圆形,有时微凹或稍尖,基部圆形,边缘有较密的小尖齿,初时上面疏被叉状或簇状短毛,侧脉5～7对,近缘处互相网结或部分直伸至齿端,连同中脉上面凹陷,下面凸起,小脉两面稍凸起;聚伞花序,花大部生于第三级分枝上;萼筒圆筒形,无毛,萼齿卵形,顶钝;花冠白色,辐状,无毛,筒部长约1 mm,裂片圆卵形;雄蕊与花冠等长或略较长,花药圆形,直径约1 mm。果实红色而后变黑色,椭圆形,长约8 mm;核卵圆形,背部龟背状凸起而无沟或有2条不明显的沟,腹部有3条沟。花期5～7月,果熟期8～9月。

分布范围:产于河北、北京、山西、陕西、甘肃、山东、江苏、河南、湖北、四川等省区。安阳林州太行山区有分布,生于海拔700 m以上山谷混交林和松林下或山坡灌丛中。

观赏价值:优良的观叶、观花、观果灌木。

其他用途:果实药用。

2. 蒙古荚蒾　*Viburnum mongolicum*

别名:蒙古绣球花、土连树

形态特征:落叶灌木,高达2 m;幼枝、叶下面、叶柄和花序均被簇状短毛,二年生小枝黄白色,浑圆,无毛。叶纸质,宽卵形至椭圆形,稀近圆形,顶端尖或钝形,基部圆或楔圆形,边缘有波状浅齿,齿顶具小突

尖,上面被簇状或叉状毛,下面灰绿色,侧脉 4~5 对,近缘前分枝而互相网结,连同中脉上面略凹陷或不明显,下面凸起;具叶柄。聚伞花序,具少数花;萼筒矩圆筒形,无毛,萼齿波状;花冠淡黄白色,筒状钟形,无毛;雄蕊约与花冠等长,花药矩圆形。果实红色而后变黑色,椭圆形;核扁,有 2 条浅背沟和 3 条浅腹沟。花期 5 月,果熟期 9 月。

分布范围:产于内蒙古、河北、山西、陕西、西北等地区。安阳林州太行山区有分布,生于海拔 800 m 以上山坡疏林下或河滩地。

观赏价值:蒙古荚蒾枝稠叶密,树冠丰满球形,叶形美观,花序、果实令人赏心悦目,为优良的观叶、观花、观果灌木。可用作花篱、球形孤植、丛植、花境等多种用途。

其他用途:果实药用。

(四)六道木属 *Zabelia*

1. 六道木 *Zabelia biflora*

别名:六条木、鸡骨头

形态特征:落叶灌木;幼枝被倒生硬毛,老枝无毛。叶矩圆形至矩圆状披针形,顶端尖至渐尖,基部钝至渐狭成楔形,全缘或中部以上羽状浅裂而具 1~4 对粗齿,上面深绿色,下面绿白色,两面疏被柔毛,脉上密被长柔毛,边缘有睫毛;叶柄基部膨大且成对相连,被硬毛。花单生于小枝上叶腋,无总花梗;花梗被硬毛;小苞片三齿状,花后不落;萼筒圆柱形,疏生短硬毛,萼齿 4 枚,狭椭圆形或倒卵状矩圆形,长约 1 cm;花冠白色、淡黄色或带浅红色,狭漏斗形或高脚碟形,外面被短柔毛,杂有倒向硬毛,4 裂,裂片圆形,筒为裂片长的 3 倍,内密生硬毛。瘦果具硬毛,冠以 4 枚宿存而略增大的萼裂片;种子圆柱形,具肉质胚乳。早春开花,8~9 月结果。

分布范围:分布于我国黄河以北的辽宁、河北、山西等省。安阳林州太行山区有分布,生于海拔 1 000 m 以上的山坡灌丛、林下及沟边。

观赏价值:六道木茎枝叶繁茂,幼枝纤细微垂,六棱别致,叶密集鲜绿,耐修剪,为优良的园林绿化树种,可作行道树和绿篱树种。也可制作花盆景观赏。

其他用途：六道木的茎可作烟袋杆和手玩工艺品。

六十三、败酱科　*Valerianaceae*

(一)败酱属　*Patrinia*

1. 败酱　*Patrinia scabiosaefolia*

别名：花龙牙、黄花苦菜、苦菜、山芝麻、麻鸡婆、野黄花、野芹

形态特征：多年生草本；根状茎横卧或斜生，节处生多数细根；茎直立，黄绿色至黄棕色，有时带淡紫色，下部常被脱落性倒生白色粗毛或几无毛，上部常近无毛或被倒生稍弯糙毛，或疏被2列纵向短糙毛。基生叶丛生，花时枯落，卵形、椭圆形或椭圆状披针形，不分裂或羽状分裂或全裂，顶端钝或尖，基部楔形，边缘具粗锯齿，上面暗绿色，背面淡绿色，两面被糙伏毛或几无毛，具缘毛；茎生叶对生，宽卵形至披针形，常羽状深裂或全裂，顶生裂片卵形、椭圆形或椭圆状披针形，先端渐尖，具粗锯齿，两面密被或疏被白色糙毛，或几无毛，上部叶渐变窄小，无柄。花序为聚伞花序组成的大型伞房花序，顶生，具5~6(7)级分枝；花序梗上方一侧被开展白色粗糙毛；总苞线形，甚小；苞片小；花小，萼齿不明显；花冠钟形，黄色，冠筒基部一侧囊肿不明显，内具白色长柔毛，花冠裂片卵形。瘦果长圆形，具3棱。花期7~9月。

分布范围：除西北外我国大部分地区有分布。安阳林州太行山区有分布，常生于山坡林下、林缘和灌丛中以及路边、田埂边的草丛中。

观赏价值：可作园林观花植物。

其他用途：幼苗嫩叶可食用；全草药用。

2. 墓头回　*Patrinia heterophylla*

别名：追风箭、异叶败酱、苦菜、盲菜

形态特征：多年生草本；根状茎较长，横走；茎直立，被倒生微糙伏毛。基生叶丛生，长3~8 cm，具长柄，叶片边缘圆齿状或具糙齿状缺刻，不分裂或羽状分裂至全裂，裂片卵形至线状披针形，顶生裂片常较大，卵形至卵状披针形；茎生叶对生，茎下部叶常羽状全裂，顶生裂片较侧裂片稍大或近等大，卵形或宽卵形，罕线状披针形，先端渐尖或长渐尖，中部叶常具1~2对侧裂片，顶生裂片最大，卵形、卵状披针形或近

菱形,具圆齿,疏被短糙毛,叶柄上部叶较窄,近无柄。花黄色,组成顶生伞房状聚伞花序,被短糙毛或微糙毛;总花梗下苞叶常具1或2对线形裂片,分枝下者不裂,线形,常与花序近等长或稍长;萼齿5,明显或不明显,圆波状、卵形或卵状三角形至卵状长圆形;花冠钟形,冠筒基部一侧具浅囊肿,裂片5,卵形或卵状椭圆形。瘦果长圆形或倒卵形,顶端平截;翅状果苞干膜质,倒卵形、倒卵状长圆形或倒卵状椭圆形。花期7~9月,果期8~10月。

分布范围:产于东北、华北、西北、华东等地区。安阳太行山区有分布,生于山地岩缝中、草丛中、路边。

观赏价值:可作园林观花植物。

其他用途:根茎和根入药。

六十四、川续断科 *Dipsacaceae*

(一)蓝盆花属 *Scabiosa* Linn.

1. 蓝盆花 *Scabiosa tschiliensis*

别名:轮锋菊、松虫草

形态特征:多年生草本,茎自基部分枝,具白色卷伏毛。根粗壮,木质。基生叶簇生;叶片卵状披针形或窄卵形至椭圆形,先端急尖或钝,有疏钝锯齿或浅裂片,偶成深裂,基部楔形,两面疏生白色柔毛,下面较密,老时近光滑;茎生叶对生,羽状深裂至全裂,侧裂片披针形,有时具小裂片,顶裂片卵状披针形或宽披针形,先端急尖,叶柄短或向上渐无柄;近上部叶羽状全裂,裂片条状披针形。总花梗上面具浅纵沟,密生白色卷曲伏柔毛,近花序处最密;头状花序在茎上部成三出聚伞状,花时扁球形;总苞苞片披针形,具3脉,先端渐尖,基部宽,外面及边缘密生短柔毛;花托苞片披针形;萼5裂,刚毛状,基部五角星状,棕褐色,上面疏生白色短柔毛;边花花冠二唇形,蓝紫色,外面密生白色短柔毛,裂片5,不等大;中央花筒状。瘦果椭圆形。花期7~8月,果熟期8~9月。

分布范围:产于东北、华北、西北等地区。安阳林州太行山区有分布,生于海拔1 000 m以上山坡草地或荒坡上。

观赏价值:蓝盆花花瓣蓝色,美丽动人,为优良的观花植物。

其他用途:花入药。

六十五、桔梗科　*Campanulaceae*

(一)沙参属　*Adenophora*

1. 荠苨　*Adenophora trachelioides*

别名:心叶沙参、杏叶菜、老母鸡肉

形态特征:多年生草本,茎单生,无毛,常多少"之"字形曲折,有时具分枝。基生叶心形、肾形,宽超过长;茎生叶具叶柄,叶片心形或在茎上部的叶基部近于平截形,通常叶基部不向叶柄下延成翅,顶端钝至短渐尖,边缘为单锯齿或重锯齿,无毛或仅沿叶脉疏生短硬毛。花序分枝大多长而几乎平展,组成大圆锥花序,或分枝短而组成狭、圆锥花序。花萼筒部倒三角状圆锥形,裂片长椭圆形或披针形;花冠钟状,蓝色、蓝紫色或白色,裂片宽三角状半圆形,顶端急尖;花盘筒状,上下等粗或向上渐细;花柱与花冠近等长。蒴果卵状圆锥形。种子黄棕色,两端黑色,长矩圆状,稍扁,有一条棱,棱外缘黄白色。花期7~9月。

分布范围:产于辽宁、北京、河北、华东等省区。安阳林州太行山区有分布,生于山坡草地或林缘。

观赏价值:荠苨花序大,花冠钟状,蓝色或白色,形似铃铛,美丽动人,为优良的观花植物。

其他用途:根入药。

2. 多歧沙参　*Adenophora potaninii* subsp. *wawreana*

形态特征:多年生草本,根有时很粗大。茎基常不分枝。茎通常单支,少多支发自一条茎基上,通常不分枝,常被倒生短硬毛或糙毛,少近无毛,偶有茎上部被白色柔毛的,高可达 1 m 余。基生叶心形;茎生叶具柄,也有柄很短的(叶为条形时,叶柄常不明显),叶片卵形、卵状披针形,少数为宽条形,基部浅心形、圆钝或楔状,顶端急尖至渐尖,边缘具多枚整齐或不整齐尖锯齿,上面稀疏地被粒状毛,下面完全无毛或仅叶脉上疏生短硬毛,偶有相当密地被短硬毛的。花序为大圆锥花序,花序分枝长而多,而且几乎横向伸展,常有次级分枝,甚至三级分枝,仅少

数分枝短而组成狭圆锥花序,花序无分枝而为假总状花序的植株是个别的。花梗短而细或粗;花萼无毛,筒部球状倒卵形、倒卵状或倒卵状圆锥形,裂片狭小,条形或钻形,边缘有 1～2 对瘤状小齿或狭长齿;花冠宽钟状、蓝紫色、淡紫色、裂片短;花盘梯状或筒状,有或无毛。种子棕黄色,矩圆状,有一条宽棱。花期 7～9 月。

分布范围:产于东北南部、河北、北京、山西、河南等省区。安阳林州太行山区有分布,生于阴坡草丛或灌木林中,或生于疏林下,多生于砾石中或岩石缝中。

观赏价值:多歧沙参花序大,花冠钟状,蓝色或白色,形似铃铛,美丽动人,为优良的观花植物。

其他用途:根入药。

(二)桔梗属 *Platycodon*

1. 桔梗 *Platycodon grandiflorus*

别名:铃铛花、包袱花

形态特征:多年生草本,茎通常无毛,偶密被短毛,不分枝,极少上部分枝。叶全部轮生,部分轮生至全部互生,无柄或有极短的柄,叶片卵形、卵状椭圆形至披针形,基部宽楔形至圆钝,顶端急尖,上面无毛而绿色,下面常无毛而有白粉,有时脉上有短毛或瘤突状毛,边缘具细锯齿。花单朵顶生,或数朵集成假总状花序,或有花序分枝而集成圆锥花序;花萼筒部半圆球状或圆球状倒锥形,被白粉,裂片三角形,或狭三角形,有时齿状;花冠大,蓝色或紫色。蒴果球状,或球状倒圆锥形,或倒卵状。花期 7～9 月。

分布范围:产于东北、华北、华东、华中、华南、西南等地区。安阳太行山区有分布。

观赏价值:花冠钟状,花暗蓝色或暗紫色,形似铃铛,美丽动人,为优良的观花植物。

其他用途:根药用和食用。

六十六、菊科　*Asteraceae*

（一）狗娃花属　*Heteropappus*

1. 狗娃花　*Heteropappus hispidus*

形态特征：一或二年生草本，有垂直的纺锤状根。茎单生，有时数个丛生，被上曲或开展的粗毛，下部常脱毛，有分枝。基部及下部叶在花期枯萎，倒卵形，渐狭成长柄，顶端钝或圆形，全缘或有疏齿；中部叶矩圆状披针形或条形，常全缘，上部叶小，条形；全部叶质薄，两面被疏毛或无毛，边缘有疏毛，中脉及侧脉显明。头状花序，单生于枝端而排列成伞房状。总苞半球形；总苞片 2 层，近等长，条状披针形，草质，或内层菱状披针形而下部及边缘膜质，背面及边缘有多少上曲的粗毛，常有腺点。舌状花约 30 余个；舌片浅红色或白色，条状矩圆形。瘦果倒卵形，扁，有细边肋，被密毛。冠毛在舌状花极短，白色，膜片状，或部分带红色，长，糙毛状；管状花糙毛状，初白色，后带红色，与花冠近等长。花期 7 ~ 9 月，果期 8 ~ 9 月。

分布范围：广泛分布于我国北部、西北部、东部等地区，安阳林州太行山区有分布。

观赏价值：花大而艳丽，可作园林观花植物。

其他用途：根入药。

（二）蓝刺头属　*Echinops*

1. 华东蓝刺头　*Echinops grijsii*

别名：格利氏蓝刺头

形态特征：多年生草本。茎直立，单生，上部通常有短或长花序分枝，基部通常有棕褐色的残存的纤维状撕裂的叶柄，全部茎枝被密厚的蛛丝状绵毛，下部花期变稀毛。叶质地薄，纸质。基部叶及下部茎叶有长叶柄，全形椭圆形、长椭圆形、长卵形或卵状披针形，羽状深裂；侧裂片 4 ~ 5(7) 对，卵状三角形、椭圆形、长椭圆形或线状长椭圆形；全部裂片边缘有均匀而细密的刺状缘毛。向上叶渐小。中部茎叶披针形或长椭圆形，与基部及下部茎叶等样分裂，无柄或有较短的柄。全部茎叶两

面异色,上面绿色,无毛无腺点,下面白色或灰白色,被密厚的蛛丝状绵毛。复头状花序单生枝端或茎顶。头状花序基毛多数,白色,不等长,扁毛状,为总苞长度之半。外层苞片与基毛近等长,线状倒披针形,爪部中部以下有白色长缘毛,上部椭圆状扩大,褐色,边缘短缘毛;中层长椭圆形,上部边缘有短缘毛,中部以上渐窄,顶端芒刺状短渐尖;内层苞片长椭圆形,顶端芒状齿裂或芒状片裂。苞片外面无毛无腺点。小花花冠5深裂,花冠管外面有腺点。瘦果倒圆锥状,被密厚的顺向贴伏的棕黄色长直毛,不遮盖冠毛。冠毛量杯状;冠毛膜片线形,边缘糙毛状,大部结合,花果期7~10月。

分布范围:我国特有种,分布于辽宁、河南、华东、广西等省区。生于山坡草地,安阳林州太行山区有分布。

观赏价值:叶子被白粉,果形奇特,为优良的园林绿化植物。

(三)泽兰属 *Eupatorium*

1. 佩兰 *Eupatorium fortunei*

别名:兰草、香草、八月白、失力草、铁脚升麻、藤袴、背影草

形态特征:多年生草本。根茎横走,淡红褐色。茎直立,绿色或红紫色,分枝少或仅在茎顶有伞房状花序分枝。全部茎枝被稀疏的短柔毛,花序分枝及花序梗上的毛较密。中部茎叶较大,三全裂或三深裂;中裂片较大,长椭圆形或长椭圆状披针形或倒披针形,顶端渐尖,侧生裂片与中裂片同形但较小,上部的茎叶常不分裂;或全部茎叶不裂,披针形或长椭圆状披针形或长椭圆形。全部茎叶两面光滑,无毛无腺点,羽状脉,边缘有粗齿或不规则的细齿。中部以下茎叶渐小,基部叶花期枯萎。头状花序多数在茎顶及枝端排成复伞房花序。总苞钟状;总苞片2~3层,覆瓦状排列,外层短,卵状披针形,中内层苞片渐长,长椭圆形;全部苞片紫红色,外面无毛无腺点,顶端钝。花白色或带微红色。瘦果黑褐色,长椭圆形,5棱,无毛无腺点;冠毛白色。花果期7~11月。

分布范围:产于华东、中南、西南等地区,野生或栽培。安阳林州太行山区有分布,野生罕见,栽培者多。

观赏价值:可作园林绿化植物。

其他用途:全草入药。

(四)猫儿菊属　*Hypochaeris*

1. 猫儿菊　*Hypochaeris ciliata*

别名:黄金菊、小蒲公英、大黄菊

形态特征:多年生草本。根垂直直伸。茎直立,有纵沟棱,不分枝,全长或仅下半部被稠密或稀疏的硬刺毛或光滑无毛,基部被黑褐色枯燥叶柄。基生叶椭圆形或长椭圆形或倒披针形,基部渐狭成长或短翼柄,顶端急尖或圆形,边缘有尖锯齿或微尖齿;下部茎生叶与基生形同形,等大或较小,但通常较宽;向上的茎叶椭圆形、长椭圆形、卵形或长卵形,但较小,全部茎生叶基部平截或圆形,无柄,半抱茎。全部叶两面粗糙,被稠密的硬刺毛。头状花序单生于茎端。总苞宽钟状或半球形;总苞片覆瓦状排列,外层卵形或长椭圆状卵形,顶端钝或渐尖,边缘有缘毛,中内层披针形,边缘无缘毛,顶端急尖,全部总苞片或中外层总苞片外面沿中脉被白色卷毛。舌状小花多数,金黄色。瘦果圆柱状,浅褐色,顶端截形,无喙,有稍高起的细纵肋。冠毛浅褐色,羽毛状,1层。花果期6~9月。

分布范围:分布于东北、华北等地区。安阳林州太行山区有分布,生于海拔800 m以上山坡草地、林缘路旁或灌丛中。

观赏价值:猫儿菊头状花序大,鲜橘黄色,色彩艳丽,极为美丽,为优良的观花植物。目前未应用于园林绿化观赏。

其他用途:根入药。

(五)旋覆花属　*Inula*

1. 旋覆花　*Inula japonica*

别名:猫耳朵、六月菊、金佛草、金佛花、金钱花、金沸草

形态特征:多年生草本。根状茎短,横走或斜升,有多少粗壮的须根。茎单生,有时数个簇生,直立,有时基部具不定根,基有细沟,被长伏毛,或下部有时脱毛,上部有上升或开展的分枝,全部有叶。基部叶

常较小,在花期枯萎;中部叶长圆形、长圆状披针形或披针形,基部多少狭窄,常有圆形半抱茎的小耳,无柄,顶端稍尖或渐尖,边缘有小尖头状疏齿或全缘,上面有疏毛或近无毛,下面有疏伏毛和腺点;中脉和侧脉有较密的长毛;上部叶渐狭小,线状披针形。头状花序,多数或少数排列成疏散的伞房花序;花序梗细长。总苞半球形;总苞片约6层,线状披针形,近等长,但最外层常叶质而较长;外层基部革质,上部叶质,背面有伏毛或近无毛,有缘毛;内层除绿色中脉外干膜质,渐尖,有腺点和缘毛。舌状花黄色;舌片线形;管状花花冠有三角披针形裂片;冠毛1层,白色,与管状花近等长。瘦果,圆柱形,有10条沟,顶端截形,被疏短毛。花期6~10月,果期9~11月。

分布范围:产于我国华北、东北、中南、西南、华东等地区。安阳林州太行山区有分布,生于山坡路旁、湿润草地、河岸和田埂上。

观赏价值:优良的观花植物。

其他用途:根、叶和花入药。

2. 欧亚旋覆花 *Inula britanica*

别名:旋覆花、大花旋覆花

形态特征:多年生草本。根状茎短,横走或斜升。茎直立,单生或2~3个簇生,基部常有不定根,上部有伞房状分枝,稀不分枝,被长柔毛,全部有叶。基部叶在花期常枯萎,长椭圆形或披针形,下部渐狭成长柄;中部叶长椭圆形,基部宽大,无柄,心形或有耳,半抱茎,顶端尖或稍尖,有浅或疏齿,稀近全缘,上面无毛或被疏伏毛,下面被密伏柔毛,有腺点;中脉和侧脉被较密的长柔毛;上部叶渐小。头状花序,生于茎端或枝端。总苞半球形;总苞片4~5层,外层线状披针形,基部稍宽,上部草质,被长柔毛,有腺点和缘毛,但最外层全部草质,且常较长,常反折;内层披针状线形,除中脉外干膜质。舌状花舌片线形,黄色。管状花花冠上部稍宽大,有三角披针形裂片;冠毛1层,白色,与管状花花冠约等长。瘦果圆柱形,有浅沟,被短毛。花期7~9月,果期8~10月。

分布范围:产于西北、东北、华北等地区。安阳林州太行山区有分布,生于河流沿岸、湿润坡地、田埂和路旁。

观赏价值:优良的观花植物。

其他用途:花序入药。

(六)马兰属

1. 马兰　*Aster indicus*

别名:路边菊、田边菊、鸡儿肠、马兰头

形态特征:多年生草本,根状茎有匍枝,有时具直根。茎直立,上部有短毛,上部或从下部起有分枝。基部叶在花期枯萎;茎部叶倒披针形或倒卵状矩圆形,顶端钝或尖,基部渐狭成具翅的长柄,边缘从中部以上具有小尖头的钝或尖齿或有羽状裂片,上部叶小,全缘,基部急狭无柄,全部叶稍薄质,两面或上面有疏微毛或近无毛,边缘及下面沿脉有短粗毛,中脉在下面凸起。头状花序单生于枝端并排列成疏伞房状。总苞半球形;总苞片 2~3 层,覆瓦状排列;外层倒披针形,内层倒披针状矩圆形,顶端钝或稍尖,上部草质,有疏短毛,边缘膜质,有缘毛。花托圆锥形。舌状花 1 层;舌片浅紫色;管状花管部被短密毛。瘦果倒卵状矩圆形,极扁,褐色,边缘浅色而有厚肋,上部被腺及短柔毛。冠毛弱而易脱落,不等长。花期 5~9 月,果期 8~10 月。

分布范围:产于我国西部、中部、南部、东部各地区。安阳林州太行山区有分布,生于林缘、草丛、溪岸、路旁。

观赏价值:可作园林观花植物。

其他用途:全草入药;幼嫩茎叶作野菜食用。

2. 全叶马兰　*Aster pekinensis*

别名:全叶鸡儿肠

形态特征:多年生草本,有长纺锤状直根。茎直立,单生或数个丛生,被细硬毛,中部以上有近直立的帚状分枝。下部叶在花期枯萎;中部叶多而密,条状披针形、倒披针形或矩圆形,顶端钝或渐尖,常有小尖头,基部渐狭无柄,全缘,边缘稍反卷;上部叶较小,条形;全部叶下面灰绿,两面密被粉状短茸毛;中脉在下面凸起。头状花序单生枝端且排成疏伞房状。总苞半球形;总苞片 3 层,覆瓦状排列,外层近条形,内层矩圆状披针形,顶端尖,上部单质,有短粗毛及腺点。舌状花 1 层,有毛;

舌片淡紫色。管状花有毛。瘦果倒卵形,浅褐色,扁,有浅色边肋,或一面有肋而果呈三棱形,上部有短毛及腺。冠毛带褐色,不等长,弱而易脱落。花期6~10月,果期7~11月。

分布范围:产于我国西部、中部、东部、北部、东北部大部分地区。安阳林州太行山区有分布,生于山坡、林缘、灌丛、路旁。

观赏价值:可作园林观花植物。

其他用途:全草入药。

(七)橐吾属 *Ligularia*

1. 狭苞橐吾 *Ligularia intermedia*

形态特征:多年生草本。根肉质,多数。茎直立,上部被白色蛛丝状柔毛,下部光滑。丛生叶与茎下部叶具柄,柄光滑,基部具狭鞘,叶片肾形或心形,先端钝或有尖头,边缘具整齐的有小尖头的三角状齿或小齿,基部弯缺宽,长为叶片的1/3,两面光滑,叶脉掌状;茎中上部叶与下部叶同形,较小,具短柄或无柄,鞘略膨大;茎最上部叶卵状披针形,苞叶状。总状花序;苞片线形或线状披针形,向上渐短;花序梗近光滑;头状花序多数,辐射状;小苞片线形;总苞钟形,总苞片6~8,长圆形,先端三角状,急尖,背部光滑,边缘膜质。舌状花4~6,黄色,舌片长圆形,先端钝,管部长达7 mm;管状花伸出总苞,管部基部稍粗,冠毛紫褐色,有时白色,比花冠管部短。瘦果圆柱形。花果期7~10月。

分布范围:产于西南、华中、西北、华北及东北等地区。安阳林州太行山区有分布,生于水边、山坡、林缘、林下及草原。

观赏价值:其叶片硕大,碧绿明快,花朵黄色明艳,为优良的耐阴宿根观花植物。

其他用途:根及根状茎入药。

2. 齿叶橐吾 *Ligularia dentata*

别名:大救驾、大齿橐吾

形态特征:多年生草本。根肉质,多数,粗壮。茎直立,上部有分枝,被白色蛛丝状柔毛和黄色有节短柔毛或下部光滑,基部被枯叶柄包围。丛生叶与茎下部叶具柄,柄粗状,无翅,被白色蛛丝状柔毛,有细棱,基部膨大成鞘;叶片肾形,先端圆形,边缘具整齐的齿,齿间具睫毛,基部弯缺宽,长为叶片的1/3,上面绿色,光滑,下面近似灰白色,被白色蛛丝状柔毛,叶脉掌状,在下面明显突起;茎中部叶与下部者同形,较小;上部叶肾形,近无柄,具膨大的鞘。伞房状或复伞房状花序开展,分枝叉开;花序梗被与茎上一样的毛;苞片及小苞片卵形至线状披针形;头状花序多数,辐射状;总苞半球形,宽大于长,总苞片2层,排列紧密,背部隆起,两侧有脊,长圆形,先端三角状急尖,具长尖头,有褐色睫毛,背部被密的白色蛛丝状柔毛,内层具宽的褐色膜质边缘。舌状花黄色,舌片狭长圆形,先端急尖;管状花多数,冠毛红褐色,与花冠等长。瘦果圆柱形,有肋,光滑。花果期7~10月。

分布范围: 产于西南、西北华中、华东等地区。安阳林州太行山区有分布,生于海拔1 000 m以上的山坡、水边、林缘和林中。

观赏价值: 其叶片硕大,碧绿明快,花朵黄色明艳,为优良的耐阴宿根观花植物。

其他用途: 根入药。

(八)兔儿伞属 *Syneilesis*

1.兔儿伞 *Syneilesis aconitifolia*

形态特征: 多年生草本。几根状茎短,横走,具多数须根,茎直立,紫褐色,无毛,具纵肋,不分枝。叶通常2,疏生;下部叶具长柄;叶片盾状圆形,掌状深裂;裂片7~9,每裂片再次2~3浅裂;小裂片线状披针形,边缘具不等长的锐齿,顶端渐尖,初时反折呈闭伞状,被密蛛丝状茸毛,后开展成伞状,变无毛,上面淡绿色,下面灰色;叶柄无翅,无毛,基部抱茎;中部叶较小;裂片通常4~5。其余的叶呈苞片状,披针形,向上渐小,无柄或具短柄。头状花序多数,在茎端密集成复伞房状;花序梗具数枚线形小苞片;总苞筒状,基部有3~4小苞片;总苞片1层,长圆形,顶端钝,边缘膜质,外面无毛。小花花冠淡粉白色,5裂;花药变紫色,基部短箭形;花柱分枝伸长,扁,顶端钝,被笔状微毛。瘦果圆柱形,无毛,具肋;冠毛污白色或变红色,糙毛状。花期6~7月,果期8~10月。

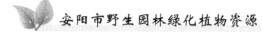

分布范围:产于东北、华北、华中、西北、西南等地区。安阳林州太行山区有分布,生于山坡荒地林缘或路旁。

观赏价值:兔儿伞株形小巧玲珑,枝条密集,横向伸展。叶色嫩绿,形若小伞,别致优美。花大色艳,花期长,为优良观花观叶植物。可植于花坛、花园、花境栽培,也可盆栽观赏。

其他用途:根及全草入药。

(九)漏芦属 *Rhaponticum*

1. 祁州漏芦 *Rhaponticum uniflorum*

别名:和尚头、大口袋花、狼头花、郎头花、老虎爪、打锣锤、漏芦

形态特征:多年生草本。茎直立,不分枝,簇生或单生,灰白色,被棉毛,基部被褐色残存的叶柄。基生叶及下部茎叶全形椭圆形,长椭圆形,倒披针形,羽状深裂或几全裂,有长叶柄。中上部茎叶渐小,与基生叶及下部茎叶同形并等样分裂,无柄或有短柄。全部叶质地柔软,两面灰白色,被稠密的或稀疏的蛛丝毛及多细胞糙毛和黄色小腺点。头状花序单生茎顶,花序梗粗壮,裸露或有少数钻形小叶。总苞半球形。总苞片覆瓦状排列,全部苞片顶端有膜质附属物,浅褐色。全部小花两性,管状,花冠紫红色。瘦果楔状。冠毛褐色,多层。花果期4～9月。

分布范围:分布于东北、西北、华北、四川、山东等地。安阳林州太行山区有分布,生于山坡丘陵地。

观赏价值:为优良的观花植物。

其他用途:根及根状茎入药。

(十)菊属 *Chrysanthemum*

1. 甘菊 *Chrysanthemum lavandulifolium*

别名:野菊

形态特征:多年生草本,有地下匍匐茎。茎直立,自中部以上多分枝或仅上部伞房状花序分枝。茎枝有稀疏的柔毛,但上部及花序梗上的毛稍多。基部和下部叶花期脱落。中部茎叶卵形、宽卵形或椭圆状卵形。二回羽状分裂,一回全裂或几全裂,二回为半裂或浅裂。一回侧

裂片 2～3（4）对。最上部的叶或接花序下部的叶羽裂、3 裂或不裂。全部叶两面同色或几同色，被稀疏或稍多的柔毛或上面几无毛。中部茎叶叶柄基有分裂的叶耳或无耳。头状花序，通常多数在茎枝顶端排成疏松或稍紧密的复伞房花序。总苞碟形。总苞片约 5 层。外层线形或线状长圆形，无毛或有稀柔毛；中内层卵形、长椭圆形至倒披针形，全部苞片顶端圆形，边缘白色或浅褐色膜质。舌状花黄色，舌片椭圆形，端全缘或 2～3 个不明显的齿裂。瘦果。花果期 5～11 月。叶大而质薄，两面无毛或几无毛。显然这是一类湿生或偏湿生的生态型。

分布范围：产于东北、华中、华东、河北、陕西、甘肃、江西、四川、云南等省区。安阳林州太行山区有分布。

观赏价值：可作园林观花植物。

其他用途：花药用。

2. 野菊　*Chrysanthemum indicum*

别名：疟疾草、苦薏、路边黄、山菊花、黄菊仔、菊花脑

形态特征：多年生草本，有地下长或短匍匐茎。茎直立或铺散，分枝或仅在茎顶有伞房状花序分枝。茎枝被稀疏的毛，上部及花序枝上的毛稍多或较多。基生叶和下部叶花期脱落。中部茎叶卵形、长卵形或椭圆状卵形，羽状半裂、浅裂或分裂不明显而边缘有浅锯齿。基部截形或稍心形或宽楔形，叶柄基无耳或有分裂的叶耳。两面同色或几同色，淡绿色，或干后两面成橄榄色，有稀疏的短柔毛，或下面的毛稍多。头状花序，多数在茎枝顶端排成疏松的伞房圆锥花序或少数在茎顶排成伞房花序。总苞片约 5 层，外层卵形或卵状三角形，中层卵形，内层长椭圆形。全部苞片边缘白色或褐色宽膜质，顶端钝或圆。舌状花黄色，顶端全缘或 2～3 齿。瘦果。花期 6～11 月。

分布范围：广布于东北、华北、华中、华南及西南各地。安阳太行山区有分布，生于山坡草地、灌丛、河边水湿地、田边及路旁。

观赏价值：可作园林观花植物。

其他用途：叶、花及全草入药。

（十一）太行菊属 *Opisthopappus*

1. 太行菊 *Opisthopappus taihangensis*

别名:长裂太行菊

形态特征:多年生草本;根垂直直伸,在根头顶端发出少数或稍多数的弧形弯曲斜升的茎。茎淡紫红色或褐色,被稠密或稀疏的贴伏的短柔毛。基生叶卵形、宽卵形或椭圆形,规则二回羽状分裂,一、二回全部全裂。一回侧裂片2~3对。茎叶与基生叶同形并等样分裂,但最上部的叶常羽裂。全部叶末回裂片披针形、长椭圆形或斜三角形。全部叶两面被稀疏或稍多的短柔毛,基生叶的叶柄长1~3 cm。头状花序单生枝端,或枝生2个头状花序。总苞浅盘状。总苞片约4层,中外层线形和披针形,内层长椭圆形,中外层外面被稍密的短柔毛,内层无毛或几无毛。舌状花粉红色或白色,舌状线形,长约2 cm,顶端3浅裂齿。管状花黄色,花冠顶端5齿裂。瘦果,有3~5条翅状加厚的纵肋。冠毛芒片状,4~6个,分离或仅基部稍连合,不等大亦不等长;全部芒片集中在瘦果背面顶端,而瘦果腹面裸露,无芒片。花果期6~9月。

分布范围:产于东北、华中、华北、西南等地区。安阳林州太行山区有分布。

观赏价值:可作园林观花植物。太行菊的花初开时为淡紫色,完全绽放后为白色,当秋季到来时,置身于群山峻岭中,便会看到悬崖峭壁上随风摇曳、楚楚动人的白色太行菊,其花期长达3~4个月,每朵花可持续开放20天左右,具有较高的观赏价值。

其他用途:花药用。

（十二）紫菀属 *Aster*

1. 三脉紫菀 *Aster ageratoides*

别名:野白菊花、山白菊、山雪花、白升麻、三脉叶马兰、鸡儿肠

形态特征:多年生草本,根状茎粗壮。茎直立,细或粗壮,有棱及沟,被柔毛或粗毛,上部有时屈折,有上升或开展的分枝。下部叶在花期枯落,叶片宽卵圆形,急狭成长柄;中部叶椭圆形或长圆状披针形,中部以上急狭成楔形具宽翅的柄,顶端渐尖,边缘有3~7对浅或深锯齿;

上部叶渐小,有浅齿或全缘,全部叶纸质,上面被短糙毛,下面浅色被短柔毛常有腺点,或两面被短茸毛而下面沿脉有粗毛,有离基(有时长达7 cm)三出脉,侧脉3~4对,网脉常显明。头状花序,排列成伞房或圆锥伞房状。总苞倒锥状或半球状;总苞片3层,覆瓦状排列,线状长圆形,下部近革质或干膜质,上部绿色或紫褐色,有短缘毛。舌状花十余个,舌片线状长圆形,紫色、浅红色或白色,管状花黄色。冠毛浅红褐色或污白色。瘦果倒卵状长圆形,灰褐色,有边肋,一面常有肋,被短粗毛。花果期7~12月。

分布范围:产于东北、华北、西南、河南、陕西、甘肃、青海等地区。安阳林州太行山区有分布,生于林下、林缘、灌丛及山谷湿地。

观赏价值:可作园林观花植物。

其他用途:全草入药。

第三节　安阳市主要野生单子叶园林观赏植物简介

一、香蒲科　*Typhaceae*

(一)香蒲属　*Typha*

1. 香蒲　*Typha orientalis*

别名:菖蒲、长苞香蒲

形态特征:多年生水生或沼生草本。根状茎乳白色。地上茎粗壮,向上渐细。叶片条形,光滑无毛,上部扁平,下部腹面微凹,背面逐渐隆起呈凸形,横切面呈半圆形,细胞间隙大、海绵状;叶鞘抱茎。雌雄花序紧密连接;雄花序轴具白色弯曲柔毛,自基部向上具1~3枚叶状苞片,花后脱落;雌花序基部具1枚叶状苞片,花后脱落;雄花通常由3枚雄蕊组成,有时2枚,或4枚雄蕊合生。小坚果纺锤形,纵裂,果皮具褐色斑点。种子黄褐色。花果期6~8月。

分布范围:产于东北、华北、西北、华中、西南等地区。安阳市有分布,生于水库、河流、沟渠、池塘浅水处。

观赏价值:香蒲叶长条形、花穗棒状,奇特别致,观赏价值高,为传统水生观赏植物。可种植于水池、湖畔,构筑园林水景。也可盆栽布置庭院。

其他用途:嫩芽称蒲菜,可食用;蒲棒常用于切花材料;叶称蒲草,可用于编织;花粉可入药,称蒲黄;全株是造纸的好原料。

二、黑三棱科

(一)黑三棱属 *Sparganium*

1. 黑三棱 *Sparganium stoloniferum*

形态特征:多年生水生或沼生草本。块茎膨大,或更粗;根状茎粗壮。茎直立,粗壮,挺水。叶片长条形,具中脉,上部扁平,下部背面呈龙骨状凸起,或呈三棱形,基部鞘状。圆锥花序开展,具3～7个侧枝,每个侧枝上着生7～11个雄性头状花序和1～2个雌性头状花序,主轴顶端通常具3～5个雄性头状花序,或更多,无雌性头状花序;花期雄性头状花序呈球形;雄花花被片匙形,膜质,先端浅裂,早落,花丝长约3mm,丝状,弯曲,褐色,花药近倒圆锥形;雌花花被着生于子房基部,宿存,柱头分叉或否,向上渐尖。果实倒圆锥形,上部通常膨大呈冠状,具棱,褐色。花果期5～10月。

分布范围:产于东北、西北、华北、江苏、江西、湖北、云南等省区。安阳市有分布,通常生于湖泊、河沟、沼泽、水塘边浅水处。

观赏价值:优良的观叶水生植物。

其他用途:块茎入药,即"三棱"。

三、泽泻科 *Alismataceae*

(一)慈姑属 *Sagittaria*

1. 野慈姑 *Sagittaria trifolia*

别名:剪刀草、慈姑

形态特征:多年生水生或沼生草本。根状茎横走,较粗壮,末端膨大或否。挺水叶箭形,叶片长短、宽窄变异很大,通常顶裂片短于侧裂片,有时侧裂片更长,顶裂片与侧裂片之间缢缩,或否;叶柄基部渐宽,鞘状,边缘膜质,具横脉,或不明显。花葶直立,挺水,通常粗壮。花序总状或圆锥状,有时更长,具分枝1~2枚,具花多轮,每轮2~3花;苞片3枚,基部多少合生,先端尖。花单性;花被片反折,外轮花被片椭圆形或广卵形;内轮花被片白色或淡黄色,基部收缩,雌花通常1~3轮,花梗短粗,心皮多数,两侧压扁,花柱自腹侧斜上;雄花多轮,花梗斜举,雄蕊多数,花药黄色,花丝长短不一,通常外轮短,向里渐长。瘦果两侧压扁,倒卵形,具翅,背翅多少不整齐;果喙短,自腹侧斜上。种子褐色。花果期5~10月。

分布范围:产于东北、华北、西北、华东、华南、西南等省区。安阳市有分布,生于湖泊、池塘、沼泽、沟渠、水田等水域。

观赏价值:可作园林观赏植物。

其他用途:球茎可食用;叶可作家畜、家禽饲料。

四、禾本科　*Poaceae*

(一)狗牙根属　*Cynodon*

1. 狗牙根　*Cynodon dactylon*

别名:百慕达草、绊根草、爬根草、咸沙草、铁线草

形态特征:低矮草本,具根茎。秆细而坚韧,下部匍匐地面蔓延甚长,节上常生不定根,直立部分秆壁厚,光滑无毛,有时略两侧压扁。叶鞘微具脊,无毛或有疏柔毛,鞘口常具柔毛;叶舌仅为一轮纤毛;叶片线形,通常两面无毛。穗状花序;小穗灰绿色或带紫色,仅含1小花;第一颖、第二颖均具1脉,背部成脊而边缘膜质;外稃舟形,具3脉,背部明显成脊,脊上被柔毛;内稃与外稃近等长,具2脉。鳞被上缘近截平;花药淡紫色;子房无毛,柱头紫红色。颖果长圆柱形。花果期5~10月。

分布范围:广布于我国黄河以南各省区;安阳市有分布,多生长于村庄附近、道旁、河岸、荒地、山坡。

观赏价值:其根茎蔓延力很强,广铺地面,为良好的地被植物,常用以铺建草坪或球场。

其他用途:根茎可喂猪,牛、马、兔、鸡等喜食其叶;全草可入药。

（二）芒属 *Miscanthus*

1．芒 *Miscanthus sinensis*

别名：花叶芒、高山鬼芒、金平芒、薄、芒草、高山芒、紫芒、黄金芒

形态特征：多年生苇状草本。秆无毛或在花序以下疏生柔毛。叶鞘无毛，长于其节间；叶舌膜质，顶端及其后面具纤毛；叶片线形，下面疏生柔毛及被白粉，边缘粗糙。圆锥花序直立，主轴无毛，延伸至花序的中部以下，节与分枝腋间具柔毛；分枝较粗硬，直立，不再分枝或基部分枝具第二次分枝；小枝节间三棱形，边缘微粗糙；小穗披针形，黄色有光泽，基盘具等长于小穗的白色或淡黄色的丝状毛；第一颖顶具 3～4 脉，边脉上部粗糙，顶端渐尖，背部无毛；第二颖常具 1 脉，粗糙，上部内折之边缘具纤毛；第一外稃长圆形，膜质，边缘具纤毛；第二外稃明显短于第一外稃，先端 2 裂，裂片间具 1 芒，棕色，膝曲，芒柱稍扭曲，第二内稃长约为其外稃的 1/2。颖果长圆形，暗紫色。花果期 7～12 月。

分布范围：产于黄河以南大部分省区。安阳市有分布，生于山地、丘陵和荒坡原野。

观赏价值：优良的观叶、观花植物，园林应用中可丛植，或用于花镜，均有好的观赏效果。

其他用途：秆纤维作造纸原料等。

（三）荻属

1．荻 *Miscanthus sacchariflorus*

形态特征：多年生，具发达被鳞片的长匍匐根状茎，节处生有粗根与幼芽。秆直立，具 10 多节，节生柔毛。叶鞘无毛，长于或上部者稍短于其节间；叶舌短，具纤毛；叶片扁平，宽线形，除上面基部密生柔毛外两面无毛，边缘锯齿状粗糙，基部常收缩成柄，顶端长渐尖，中脉白色，粗壮。圆锥花序疏展成伞房状；主轴无毛，具 10～20 枚较细弱的分枝，腋间生柔毛，直立而后开展；总状花序轴节间或具短柔毛；小穗柄顶端稍膨大，基部腋间常生有柔毛；小穗线状披针形，成熟后带褐色，基盘具长为小穗 2 倍的丝状柔毛；第一颖 2 脊间具 1 脉或无脉，顶端膜质长渐尖，边缘和背部具长柔毛；第二颖与第一颖近等长，顶端渐尖，与边缘皆

为膜质,并具纤毛,有 3 脉,背部无毛或有少数长柔毛;第一外稃稍短于颖,先端尖,具纤毛;第二外稃狭窄披针形,短于颖片的 1/4,顶端尖,具小纤毛,无脉或具 1 脉,稀有 1 芒状尖头;第二内稃长约为外稃之半,具纤毛。颖果长圆形。花果期 8 ~ 10 月。

分布范围:产于东北、河北、北京、山西、河南、山东、甘肃及陕西等省市;安阳市有分布,生于山坡草地和平原岗地、河岸湿地。

观赏价值:优良的观叶观花植物。

其他用途:荻草为优质饲料;嫩芽可以直接食用、做菜或罐头;荻草纤维作纸浆原料;优良防沙护坡植物。

(四)狼尾草属　*Pennisetum*

1. 狼尾草　*Pennisetum alopecuroides*

别名:狗尾巴草、芮草、老鼠狼、狗仔尾

形态特征:多年生草本。须根较粗壮。秆直立,丛生,在花序下密生柔毛。叶鞘光滑,两侧压扁,主脉呈脊,在基部者跨生状,秆上部者长于节间;叶舌具纤毛;叶片线形,先端长渐尖,基部生疣毛。圆锥花序直立;主轴密生柔毛;刚毛粗糙,淡绿色或紫色;小穗通常单生,偶有双生,线状披针形;第一颖微小或缺,膜质,先端钝,脉不明显或具 1 脉;第二颖卵状披针形,先端短尖,具 3 ~ 5 脉,长为小穗 1/3 ~ 2/3;第一小花中性,第一外稃与小穗等长,具 7 ~ 11 脉;第二外稃与小穗等长,披针形,具 5 ~ 7 脉,边缘包着同质的内稃;鳞被 2,楔形;雄蕊 3,花药顶端无毫毛;花柱基部联合。颖果长圆形。花果期夏秋季。

分布范围:我国除西北以外大部分地区均有分布;安阳市有分布,多生于田岸、荒地、道旁及小山坡上。

观赏价值:优良的观花观叶植物,已广泛应用于公园、庭院、公共绿地等。

其他用途:可作饲料,也是编织或造纸的原料,常作为土法打油的油耙子,也可作固堤防沙植物。

（五）芦苇属 *Phragmites*

1. 芦苇 *Phragmites australis*

别名：芦、苇、葭、兼

形态特征：多年生草本，根状茎十分发达。秆直立，具20多节，基部和上部的节间较短，最长节间位于下部第4～6节，节下被蜡粉。叶鞘长于其节间；叶舌边缘密生一圈短纤毛，易脱落；叶片披针状线形，无毛，顶端长渐尖成丝形。圆锥花序大型，分枝多数，着生稠密下垂的小穗；小穗柄无毛；小穗含4花；颖具3脉；第一不孕外稃雄性，第二外稃具3脉，顶端长渐尖，基盘延长，两侧密生等长于外稃的丝状柔毛，与无毛的小穗轴相连接处具明显关节，成熟后易自关节上脱落；内稃两脊粗糙；雄蕊3，花药黄色；颖果。

分布范围：产于全国各地。安阳市有分布，生于河、湖、池塘沟渠沿岸和低湿地。

观赏价值：优良的观叶、观花植物。

其他用途：秆为造纸原料或作编席织帘及建棚材料，茎、叶嫩时为饲料；根状茎供药用；为固堤造陆先锋环保植物。

五、莎草科　*Cyperaceae*

（一）薹草属 *Carex*

1. 宽叶薹草 *Carex siderosticta*

别名：崖棕

形态特征：多年生草本，根状茎长。营养茎和花茎有间距，花茎近基部的叶鞘无叶片，淡棕褐色，营养茎的叶长圆状披针形，有时具白色条纹，中脉及2条侧脉较明显，上面无毛，下面沿脉疏生柔毛。花茎苞鞘上部膨大似佛焰苞状。小穗单生或孪生于各节，雄雌顺序，线状圆柱形，具疏生的花；小穗柄多伸出鞘外。雄花鳞片披针状长圆形，先端尖，两侧透明膜质，中间绿色，具3条脉；雌花鳞片椭圆状长圆形至披针状长圆形，先端钝，两侧透明膜质，中间绿色，遍生稀疏锈点。果囊倒卵形或椭圆形，三棱形，平滑，具多条明显凸起的细脉，基部渐狭，具很短的柄，先端骤狭成短喙或近无喙，喙口平截。小坚果紧包于果囊中,椭圆形,三棱形;花柱宿存,基部不膨大,顶端稍伸出果囊之外,柱头3个。花果期4～5月。

分布范围:产于东北、河北、山西、陕西、山东、华东、江西等地区;安阳林州太行山区有分布,生于海拔1 000 m以上的阴湿坡山坡、林下。

观赏价值:宽叶薹草为优良的园林观叶草本植物,其绿叶如茵,可多年观赏,返青早、色泽好,可作观赏草坪应用。

其他用途:优良牧草。

2. 青绿薹草　*Carex breviculmis*

别名:青营

形态特征:多年生草本。根状茎短。秆丛生,纤细,三棱形,上部稍粗糙,基部叶鞘淡褐色,撕裂成纤维状。叶短于秆,平张,边缘粗糙,质硬。苞片最下部的叶状,长于花序,具短鞘,其余的刚毛状,近无鞘。小穗2～5个,上部的接近,下部的远离,顶生小穗雄性,长圆形,近无柄,紧靠近其下面的雌小穗;侧生小穗雌性,长圆形或长圆状卵形,少有圆柱形,具稍密生的花,无柄或最下部的具短柄。雄花鳞片倒卵状长圆形,顶端渐尖,具短尖,膜质,黄白色,背面中间绿色;雌花鳞片长圆形,倒卵状长圆形,先端截形或圆形,膜质,苍白色,背面中间绿色,具3条脉,向顶端延伸成长芒。小坚果紧包于果囊中,卵形,栗色,顶端缢缩成环盘;花柱基部膨大成圆锥状,柱头3个。花果期3～6月。

分布范围:产于东北、华北、西北、华东、华中、西南等地区。安阳市有分布,生于山坡草地、路边、山谷、沟边。

观赏价值:青绿薹草是一种长寿草坪植物,叶量大、密集,形态优美。其叶丛春季鲜绿,夏季青绿,秋冬墨绿。草坪色调多变,富有观赏价值。

(二)蔗草属　*Scirpus*

1. 水葱　*Scirpus validus*

形态特征:多年生水生草本,匍匐根状茎粗壮,具许多须根。秆高大,圆柱状,高1～2 m,平滑,基部具3～4个叶鞘,鞘管状,膜质,最上面一个叶鞘具叶片。叶片线形。苞片1枚,为秆的延长,直立,钻状,常短于花序,极少数稍长于花序;长侧枝聚伞花序简单或复出,假侧生,具多个辐射枝;辐射枝一面凸,一面凹,边缘有锯齿;小穗单生或 2~3 个簇生于辐射枝顶端,卵形或长圆形,顶端急尖或钝圆,具多数花;鳞片椭圆形或宽卵形,顶端稍凹,具短尖,膜质,棕色或紫褐色,有时基部色淡,背面有铁锈色突起小点,脉 1 条,边缘具缘毛;下位刚毛 6 条,等长于小坚果,红棕色,有倒刺;雄蕊 3,花药线形,药隔突出;花柱中等长,柱头 2,罕 3,长于花柱。小坚果倒卵形或椭圆形,双凸状。花果期 6~9 月。

分布范围:产于我国东北、西北、西南、河北、江苏等省区;安阳市有分布,生长在湖边或浅水塘中。

观赏价值:优良的观赏水生植物,已广泛应用于公园、庭院、公共绿地等。

其他用途:其秆可作编缋席子的材料。

六、天南星科 *Araceae*

(一)菖蒲属 *Acorus*

1.菖蒲 *Acorus calamus*

别名:臭草、大菖蒲、剑菖蒲、家菖蒲、土菖蒲

形态特征:多年生草本。根茎横走,稍扁,分枝,外皮黄褐色,芳香,肉质根多数,具毛发状须根。叶基生,基部两侧膜质叶鞘,向上渐狭,至叶长 1/3 处渐行消失、脱落。叶片剑状线形,基部宽、对褶,中部以上渐狭,草质,绿色,光亮;中肋在两面均明显隆起,侧脉 3~5 对,平行,纤弱,大都伸延至叶尖。花序柄三棱形;叶状佛焰苞剑状线形;肉穗花序斜向上或近直立,狭锥状圆柱形。花黄绿色。浆果长圆形,红色。花期 6~9 月。

分布范围:全国各省区均产。安阳市有分布,生于水边、河边、湿地。

观赏价值:菖蒲叶丛翠绿,端庄秀丽,具有香气,具有较高的观赏价值,为优良的观叶水生植物。园林应用中可水培盆栽观赏,也可丛植于河、湖、池塘岸边,或点缀于庭园水景和临水假山一隅,均有良好的观赏效果。

其他用途:全株芳香,可作香料或驱蚊虫;茎、叶可入药;叶、花序还可以作插花材料。

(二)天南星属　*Arisaema*

1.一把伞南星　*Arisaema erubescens*

别名:洱海南星、溪南山南星、台南星、基隆南星、短柄南星

形态特征:多年生草本,块茎扁球形,表皮黄色,有时淡红紫色。鳞叶绿白色、粉红色,有紫褐色斑纹。叶1,叶柄长可达80 cm,中部以下具鞘,鞘部粉绿色,上部绿色,有时具褐色斑块;叶片放射状分裂,裂片无定数;幼株少则3~4枚,多年生植株有多至20枚的,常1枚上举,余放射状平展,披针形、长圆形至椭圆形,无柄,长渐尖,具线形长尾。花序柄比叶柄短,直立,果时下弯或否。佛焰苞绿色,背面有清晰的白色条纹,或淡紫色至深紫色而无条纹,管部圆筒形;喉部边缘截形或稍外卷;檐部通常颜色较深,三角状卵形至长圆状卵形,有时为倒卵形,先端渐狭,略下弯。肉穗花序单性,雄花序花密;雌花序长约2 cm;各附属器棒状、圆柱形,中部稍膨大或否,直立,先端钝,光滑,基部渐狭;雄花序的附属器下部光滑或有少数中性花;雌花序上的具多数中性花。果序柄下弯或直立,浆果红色,种子1~2,球形,淡褐色。花期5~7月,果9月成熟。

分布范围:产于华北、中南、华东、西南等地区。安阳林州太行山区有分布,生于海拔1 000 m左右的林下、灌丛、阴湿山沟中。

观赏价值:为优良的观叶、观花植物。

其他用途:块茎入药。

(二)半夏属　*Pinellia*

1.虎掌　*Pinellia pedatisecta*

别名:南星、独败家子、半夏子、天南星、绿芋子、半夏、掌叶半夏

形态特征:多年生草本,块茎近圆球形,根密集,肉质;块茎四旁常生若干小球茎。叶1~3或更多,叶柄淡绿色,下部具鞘;叶片鸟足状分裂,披针形,渐尖,基部渐狭,楔形,中裂较长,两侧裂片依次渐短小;侧

脉6~7对,连结为集合脉,网脉不明显。花序柄,直立。佛焰苞淡绿色,管部长圆形,向下渐收缩;檐部长披针形,锐尖。肉穗花序;附属器黄绿色,细线形。浆果卵圆形,绿色至黄白色,小,藏于宿存的佛焰苞管部内。花期6~7月,果9~11月成熟。

分布范围:我国特有,分布于华北、华东、中南、西南等地区。安阳林州太行山区有分布,生于林下、山谷或河谷阴湿处。

观赏价值:为优良的观叶、观花植物。

其他用途:块茎供药用。

(三)独角莲属

1. 独角莲 *Sauromatum giganteum*

别名:芋叶半夏、麦夫子、牛奶白附、野芋、天南星、滴水参

形态特征:多年生草本,块茎倒卵形,卵球形或卵状椭圆形,大小不等,外被暗褐色小鳞片,有7~8条环状节,颈部周围生多条须根。通常1~2年生的只有1叶,3~4年生的有3~4叶。叶与花序同时抽出。叶柄圆柱形,密生紫色斑点,中部以下具膜质叶鞘;叶片幼时内卷如角状(因名),后即展开,箭形,先端渐尖,基部箭状,后裂片叉开成70°的锐角,钝;中肋背面隆起,I级侧脉7~8对,最下部的两条基部重叠。花序具长柄。佛焰苞紫色,管部圆筒形或长圆状卵形;檐部卵形,展开,先端渐尖常弯曲。肉穗花序几无梗,雌花序圆柱形;附属器紫色,圆柱形,直立,基部无柄,先端钝。花期6~8月,果期7~9月。

分布范围:我国特有,产于东北、华北、华中、西北、西南等地区。安阳林州太行山区有分布,生于海拔800 m以上山坡、水沟旁。

观赏价值:优良的观花观叶植物。

其他用途:块茎供药用。

七、百合科 *Liliaceae*

(一)葱属 *Allium*

1. 茖葱 *Allium victorialis*

形态特征:多年生草本,鳞茎单生或2~3枚聚生,近圆柱状;鳞茎

外皮灰褐色至黑褐色,破裂成纤维状,呈明显的网状。叶2～3枚,倒披针状椭圆形至椭圆形,基部楔形,沿叶柄稍下延,先端渐尖或短尖,叶柄长为叶片的1/5～1/2。花葶圆柱状,被叶鞘;总苞2裂,宿存;伞形花序球状,具多而密集的花;小花梗近等长,比花被片长2～4倍,果期伸长,基部无小苞片;花白色或带绿色,极稀带红色;内轮花被片椭圆状卵形,先端钝圆,常具小齿;外轮的狭而短,舟状,先端钝圆。花果期6～8月。

分布范围:产于东北、华北、陕西、甘肃、四川、湖北、河南和浙江等省区。安阳林州太行山区有分布,生于海拔1 000 m以上的阴湿坡山坡、林下、草地或沟边。

观赏价值:可作园林观叶植物。

其他用途:薹葱的嫩茎叶均可食用;鳞茎入药。

2. 长梗韭 *Allium neriniflorum*

形态特征:多年生草本,植株无葱蒜气味。鳞茎单生,卵球状至近球状;鳞茎外皮灰黑色,膜质,不破裂,内皮白色,膜质。叶圆柱状或近半圆柱状,中空,具纵棱,沿纵棱具细糙齿,等长于或长于花葶。花葶圆柱状,下部被叶鞘;总苞单侧开裂,宿存;伞形花序疏散;小花梗不等长,基部具小苞片;花红色至紫红色;花被片基部互相靠合成管状,分离部分星状开展,卵状矩圆形、狭卵形或倒卵状矩圆形,先端钝或具短尖头,内轮的常稍长而宽,有时近等宽,少有内轮稍狭的。花果期7～9月。

分布范围:产于东北、北京和河北等省区。安阳林州太行山区有分布,生于山坡、湿地、草地。

观赏价值:可做园林观花植物。

(二)大百合属 *Cardiocrinum*

1. 大百合 *Cardiocrinum giganteum*

别名:水百合

形态特征:多年生草本,小鳞茎卵形,干时淡褐色。茎直立,中空,无毛。叶纸质,网状脉;基生叶卵状心形或近宽矩圆状心形,茎生叶卵状心形,叶柄向上渐小,靠近花序的几枚为船形。总状花序有花10～

16 朵,无苞片;花狭喇叭形,白色,里面具淡紫红色条纹;花被片条状倒披针。蒴果近球形,顶端有 1 小尖突,基部有粗短果柄,红褐色,具 6 钝棱和多数细横纹,3 瓣裂。种子呈扁钝三角形,红棕色,周围具淡红棕色半透明的膜质翅。花期 6～7 月,果期 9～10 月。

分布范围:产于西藏、四川、陕西、湖南、河南、广西等省区。安阳林州太行山区有分布,生于林下草丛中。

观赏价值:大百合植株健壮,叶色碧绿,花序高大,花大洁白,十分美丽,为优良的园林观花、观叶植物,可栽植于庭院、稀疏林下半阴处,也可盆栽观赏。

其他用途:鳞茎供药用。

(三)萱草属 *Hemerocallis*

1. 黄花菜 *Hemerocallis citrina*

别名:金针菜、柠檬萱草、金针花

形态特征:多年生草本,植株一般较高大;根近肉质,中下部常有纺锤状膨大。叶 7～20 枚。花葶长短不一,一般稍长于叶,基部三棱形,上部多少圆柱形,有分枝;苞片披针形,下面的较长,自下向上渐短;花梗较短;花多朵,最多可达 100 朵以上;花被淡黄色,有时在花蕾时顶端带黑紫色;花被管长 3～5 cm,花被裂片长 6～12 cm。蒴果钝三棱状椭圆形。种子黑色,有棱。花果期 5～9 月。

分布范围:产于黄河以南大部分省区。安阳林州太行山区有分布,生于山坡、山谷、荒地或林缘。

观赏价值:黄花菜春季萌发早,叶色鲜绿,花大美艳,具有很高的观赏价值,适合种植于庭院、树丛中的草地或花境等地,均具有绿色观赏的效果,也可作切花。

其他用途:黄花菜的花蕾可食用,即金针菜或黄花菜;花可入药;根可以酿酒;叶可以造纸和编织草垫;花葶干后可以做纸煤和燃料。

2. 北萱草 *Hemerocallis esculenta*

形态特征:多年生草本,根稍肉质,中下部常有纺锤状膨大。叶长条形。花葶稍短于叶或近等长;总状花序缩短,具 2～6 朵花,有时花近簇生;花梗短;苞片卵状披针形,先端长渐尖或近尾状,只能包住花被管的基部;花被橘黄色,花被管长 1~2.5 cm,花被裂片长 5~6.5 cm,内三片宽 1~2 cm。蒴果椭圆形。花果期 5~8 月。

分布范围:产于河北、北京、山西、河南、甘肃等省区。安阳林州太行山区有分布,生于山坡、山谷或草地上。

观赏价值:春季萌发早,叶色鲜绿,花大美艳,具有很高的观赏价值,适合种植于庭院、树丛中的草地或花境等地,均具有绿色观赏的效果,也可作切花。

(四)百合属　*Lilium*

1.卷丹　*Lilium tigrinum*

别名:卷丹百合、河花

形态特征:多年生草本,鳞茎近宽球形;鳞片宽卵形,白色。茎高可达 1.5 m,带紫色条纹,具白色绵毛。叶散生,矩圆状披针形或披针形,两面近无毛,先端有白毛,边缘有乳头状突起,有 5~7 条脉,上部叶腋有珠芽。花 3~6 朵或更多;苞片叶状,卵状披针形,先端钝,有白绵毛;花梗紫色,有白色绵毛;花下垂,花被片披针形,反卷,橙红色,有紫黑色斑点;雄蕊四面张开;花丝淡红色,无毛,花药矩圆形;子房圆柱形;花柱柱头稍膨大,3 裂。蒴果狭长卵形。花期 7~8 月,果期 9~10 月。

分布范围:产于华东、华北、华中、西北、西南、吉林、广西等省区。安阳林州太行山区有分布,生于山坡灌木林下、草地、路边或水旁。

观赏价值:花形奇特,极为美丽,具有较高的观赏价值。

其他用途:鳞茎富含淀粉,供食用,亦可作药用;花含芳香油,可作香料。

2.山丹　*Lilium pumilum*

别名:山丹花、细叶百合

形态特征:多年生草本,鳞茎卵形或圆锥形;鳞片矩圆形或长卵形,白色。茎高可达 60 cm,有小乳头状突起,有的带紫色条纹。叶散生于茎中部,条形,中脉下面突出,边缘有乳头状突起。花单生或数朵排成总状花序,鲜红色,通常无斑点,有时有少数斑点,下垂;花被片反卷,蜜腺两边有乳头状突起;花丝无毛,花药长椭圆形,长约 1 cm,黄色,花粉近红色;子房圆柱形;花柱稍长于子房或长 1 倍多,柱头膨大,3 裂。蒴果矩圆形。花期 7 ~ 8 月,果期 9 ~ 10 月。

分布范围:产于东北、华北、西北、山东等省区。安阳林州太行山区有分布,生于海拔 500 m 以上的山坡草地或林缘。

观赏价值:山丹花花瓣外翻,花鲜红或紫红色,花形奇特,摇曳多姿,极为美丽,具有较高的观赏价值。可种植于庭院、公园,也是切花和盆栽的良好材料。

其他用途:鳞茎含淀粉,供食用,亦可入药;花含挥发油,可提取供香料用。

(五)山麦冬属 *Liriope*

1. 禾叶山麦冬 *Liriope graminifolia*

形态特征:多年生常绿草本,根细或稍粗,分枝多,有时有纺锤形小块根;根状茎短或稍长,具地下走茎。叶线形,先端钝或渐尖,具 5 条脉,近全缘,但先端边缘具细齿,基部常有残存的枯叶或有时撕裂成纤维状。花葶通常稍短于叶,总状花序具许多花;花通常 3 ~ 5 朵簇生于苞片腋内;苞片卵形,先端具长尖,干膜质;花梗关节位于近顶端;花被片狭矩圆形或矩圆形,先端钝圆,白色或淡紫色;花丝扁而稍宽;花药近矩圆形;子房近球形;花柱稍粗,柱头与花柱等宽。种子卵圆形或近球形,初期绿色,成熟时蓝黑色。花期 6 ~ 8 月,果期 9 ~ 11 月。

分布范围:产于华北、华东、西南、西北等地区。安阳林州太行山区有分布,生于山坡、山谷林下、灌丛中或山沟阴处、石缝间及草丛中。

观赏价值:四季常青,为优良的观花观叶植物。

其他用途:小块根入药。

2. 山麦冬 *Liriope spicata*

别名:麦门冬、土麦冬、麦冬

形态特征:多年生常绿草本,植株有时丛生;根稍粗,有时分枝多,近末端处常膨大成矩圆形、椭圆形或纺缍形的肉质小块根;根状茎短,木质,具地下走茎。叶线形,先端急尖或钝,基部常包以褐色的叶鞘,上面深绿色,背面粉绿色,具 5 条脉,中脉比较明显,边缘具细锯齿。花葶通常长于或几等长于叶,少数稍短于叶;总状花序具多数花;花通常 3～5 朵簇生于苞片腋内;苞片小,披针形,干膜质;花梗关节位于中部以上或近顶端;花被片矩圆形、矩圆状披针形,先端钝圆,淡紫色或淡蓝色;花药狭矩圆形;子房近球形,花柱稍弯,柱头不明显。种子近球形。花期 5～7 月,果期 8～10 月。

分布范围:除东北、西北为我国大部分省区有分布。安阳林州太行山区有分布,生于山坡、山谷林下、路旁或湿地。

观赏价值:为常见栽培的观赏植物。

其他用途:块根入药。

(六)重楼属　*Paris*

1. 北重楼　*Paris verticillata*

形态特征:多年生草本,植株高可达 60 cm;根状茎细长。茎绿白色,有时带紫色。叶 6～8 枚轮生,披针形、狭矩圆形、倒披针形或倒卵状披针形,先端渐尖,基部楔形,具短柄或近无柄。外轮花被片绿色,极少带紫色,叶状,通常 4～5 枚,纸质,平展,倒卵状披针形、矩圆状披针形或倒披针形,先端渐尖,基部圆形或宽楔形;内轮花被片黄绿色,条形;花丝基部稍扁平;子房近球形,紫褐色,顶端无盘状花柱基,花柱具 4～5 分枝,分枝细长,并向外反卷,比不分枝部分长 2～3 倍。蒴果浆果状,不开裂,具几颗种子。花期 5～6 月,果期 7～9 月。

分布范围:产于东北、河北、北京、山西、陕西、甘肃、四川、安徽、浙江等省区。安阳林州太行山区有分布,生于海拔 1 000 m 以上的石板岩太极冰山山坡林下。

观赏价值:北重楼其叶序奇特,枝顶生花,结构别致,优雅美丽,为优良的园林观叶植物。目前没有开发应用。

其他用途:根状茎入药。

(七)黄精属 *Polygonatum*

1. 玉竹 *Polygonatum odoratum*

别名:铃铛菜、尾参、地管子

形态特征:多年生草本,根状茎圆柱形。茎高可达 50 cm,具 7～12 叶。叶互生,椭圆形至卵状矩圆形,先端尖,下面带灰白色,下面脉上平滑至呈乳头状粗糙。花序具 1～4 花,总花梗无苞片或有条状披针形苞片;花被黄绿色至白色,花被筒较直;花丝丝状,近平滑至具乳头状突起。浆果蓝黑色,具 7～9 颗种子。花期 5～6 月,果期 7～9 月。

分布范围:产于东北、华北、西北、华东、华中等地区。安阳林州太行山区有分布,生林下或山野阴坡。

观赏价值:可作园林观叶植物。

其他用途:根状茎药用,称中药"玉竹"。

2. 黄精 *Polygonatum sibiricum*

别名:鸡爪参、老虎姜、爪子参、笔管菜、黄鸡菜、鸡头黄精

形态特征:多年生草本,根状茎圆柱状,由于结节膨大,因此"节间"一头粗、一头细,在粗的一头有短分枝。茎高可达 1 m 以上,有时呈攀缘状。叶轮生,每轮 4～6 枚,条状披针形,先端拳卷或弯曲成钩。花序通常具 2～4 朵花,似成伞形状,总花梗、花梗俯垂;苞片位于花梗基部,膜质,钻形或条状披针形,具 1 脉;花被乳白色至淡黄色,花被筒中部稍缢缩。浆果,黑色,具 4～7 颗种子。花期 5～6 月,果期 8～9 月。

分布范围:产于东北、西北、华东、河北、山西、陕西、河南等省区。安阳林州太行山区有分布,生于海拔 800 m 以上林下、灌丛或山坡阴处。

观赏价值:优良的园林观花观叶植物。

其他用途:根状茎为常用中药"黄精"。

(八)菝葜属 *Smilax*

1. 短梗菝葜 *Smilax scobinicaulis*

别名:威灵仙

形态特征:落叶攀缘灌木,茎和枝条通常疏生刺或近无刺,较少密生刺,刺针状,稍黑色,茎上的刺有时较粗短。叶卵形或椭圆状卵形,干

后有时变为黑褐色,基部钝或浅心形;具叶柄。总花梗很短,一般不到叶柄长度的一半。雌花具 3 枚退化雄蕊。浆果。其他特征和上种非常相似。花期 5 月,果期 10 月。

分布范围:产于华北、西南、华中、陕西、甘肃等省区。安阳林州太行山区有分布,生于海拔 600 m 以上的林下、灌丛下或山坡阴处。

观赏价值:可作垂直绿化灌木。

其他用途:根状茎和根入药,称威灵仙。

(九) 藜芦属　*Veratrum*

1. 藜芦　*Veratrum nigrum*

别名:阿勒泰藜芦

形态特征:植株高可达 1 m,通常粗壮,基部的鞘枯死后残留为有网眼的黑色纤维网。叶椭圆形、宽卵状椭圆形或卵状披针形,大小常有较大变化,薄革质,先端锐尖或渐尖,基部无柄或生于茎上部的具短柄,两面无毛。圆锥花序密生黑紫色花;侧生总状花序近直立伸展,通常具雄花;顶生总状花序常较侧生花序长 2 倍以上,几乎全部着生两性花;总轴和枝轴密生白色绵状毛;小苞片披针形,边缘和背面有毛;生于侧生花序上的花梗长约等长于小苞片,密生绵状毛;花被片开展或在两性花中略反折,矩圆形,先端钝或浑圆,基部略收狭,全缘;雄蕊长为花被片的一半;子房无毛。蒴果。花果期 7 ~ 9 月。

分布范围:产于东北、华北、西北、华中、西南等地区。安阳林州太行山区有分布,生于海拔 1 200 m 以上的山坡林下或草丛中。

观赏价值:可作园林观叶植物。

其他用途:根及根状茎入药。

(十) 天门冬属　*Asparagus*

1. 曲枝天门冬　*Asparagus trichophyllus*

形态特征:多年生草本,近直立,高可达 100 cm。根较细。茎平滑,中部至上部强烈回折状,有时上部疏生软骨质齿;分枝先下弯而后上升,靠近基部这一段形成强烈弧曲,有时近半圆形,上部回折状,小枝

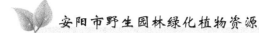

多少具软骨质齿。叶状枝通常每 5 ~ 8 枚成簇,刚毛状,略有 4 ~ 5 棱,稍弧曲,通常稍伏贴于小枝上,有时稍具软骨质齿;茎上的鳞片状叶基部有刺状距,极少成为硬刺,分枝上的距不明显。花每 2 朵腋生,绿黄色而稍带紫色;花梗关节位于近中部;雄花:花丝中部以下贴生于花被片上;雌花较小。浆果,熟时红色,有 3 ~ 5 颗种子。花期 5 月,果期 7 月。

分布范围:产于东北、河北、北京、山西等省区。安阳林州太行山区有分布,生于海拔 1 000 m 左右的山地。

观赏价值:可作园林观叶植物。

2. 天门冬 *Asparagus cochinchinensis*

别名:野鸡食

形态特征:多年生攀缘草本植物。根在中部或近末端成纺锤状膨大。茎平滑,常弯曲或扭曲,长可达 2 m,分枝具棱或狭翅。叶状枝通常每 3 枚成簇,扁平或由于中脉龙骨状而略呈锐三棱形,稍镰刀状;茎上的鳞片状叶基部延伸为硬刺,在分枝上的刺较短或不明显。花通常每 2 朵腋生,淡绿色;花梗关节一般位于中部,有时位置有变化;雄花:花丝不贴生于花被片上;雌花大小和雄花相似。浆果熟时红色,有 1 颗种子。花期 5 ~ 6 月,果期 8 ~ 10 月。

分布范围:产于华北、西北等省的南部至华东、中南、西南各地区。安阳太行山区有分布,生于山坡、路旁、疏林下、山谷或荒地上。

观赏价值:可作园林观叶、观果植物。

其他用途:块根入药。

八、薯蓣科 *Dioscoreaceae*

(一)薯蓣属 *Dioscorea*

1. 薯蓣 *Dioscorea polystachya*

别名:山药、淮山、面山药、野脚板薯、野山豆、野山药

形态特征:多年生缠绕草质藤本。块茎长圆柱形,垂直生长,长可达 1 m 多,断面干时白色。茎通常带紫红色,右旋,无毛。单叶,在茎下部的互生,中部以上的对生,很少 3 叶轮生;叶片变异大,卵状三角形至

宽卵形或戟形,顶端渐尖,基部深心形、宽心形或近截形,边缘常3浅裂至3深裂,中裂片卵状椭圆形至披针形,侧裂片耳状、圆形、近方形至长圆形;幼苗时一般叶片为宽卵形或卵圆形,基部深心形。叶腋内常有珠芽。雌雄异株。雄花序为穗状花序,近直立,2~8个着生于叶腋,偶而呈圆锥状排列;花序轴明显地呈"之"字状曲折;苞片和花被片有紫褐色斑点;雄花的外轮花被片为宽卵形,内轮卵形,较小;雄蕊6。雌花序为穗状花序,1~3个着生于叶腋。蒴果不反折,三棱状扁圆形或三棱状圆形,外面有白粉;种子着生于每室中轴中部,四周有膜质翅。花期6~9月,果期7~11月。

分布范围:分布于东北、华北、华东、华中、华南、西南等地区。安阳林州太行山区有分布,生于山坡、山谷林下、路旁的灌丛中或杂草中。

观赏价值:可作垂直绿化植物。

其他用途:块茎为入药称"淮山药",又能食用。

2. 穿龙薯蓣 *Dioscorea nipponica*

别名:山常山、穿山龙、穿地龙

形态特征:多年生缠绕草质藤本。根状茎横生,圆柱形,多分枝,栓皮层显著剥离。茎左旋,近无毛,长达5 m。单叶互生;叶片掌状心形,变化较大,茎基部叶边缘作不等大的三角状浅裂、中裂或深裂,顶端叶片小,近于全缘,叶表面黄绿色,有光泽,无毛或有稀疏的白色细柔毛,尤以脉上较密。花雌雄异株。雄花序为腋生的穗状花序,花序基部常由2~4朵集成小伞状,至花序顶端常为单花;苞片披针形,顶端渐尖,短于花被;花被碟形,6裂,裂片顶端钝圆。蒴果成熟后枯黄色,三棱形,顶端凹入,基部近圆形,每棱翅状;种子每室2枚,着生于中轴基部,四周有不等的薄膜状翅,上方呈长方形,长约比宽大2倍。花期6~8月,果期8~10月。

分布范围:分布于东北、华北、华东、西北、华中等地区。安阳林州太行山区有分布,常生于海拔800 m以上的山谷两侧半阴半阳的山坡灌木丛中和稀疏杂木林内及林缘,喜肥沃、疏松、湿润、腐殖质较深厚的黄砾壤土和黑砾壤土。

观赏价值:可作垂直绿化植物。

其他用途:根状茎入药。

九、鸢尾科 *Iridaceae*

(一)射干属 *Belamcanda*

1. 射干 *Belamcanda chinensis*

别名:野萱花、交剪草

形态特征:多年生草本。根状茎为不规则的块状,斜伸,黄色或黄褐色;须根多数,带黄色。茎高可达1.5 m,实心。叶互生,嵌叠状排列,剑形,基部鞘状抱茎,顶端渐尖,无中脉。花序顶生,叉状分枝,每分枝的顶端聚生有数朵花;花梗细;花梗及花序的分枝处均包有膜质的苞片,苞片披针形或卵圆形;花橙红色,散生紫褐色的斑点;花被裂片6,2轮排列,外轮花被裂片倒卵形或长椭圆形,顶端钝圆或微凹,基部楔形,内轮较外轮花被裂片略短而狭;雄蕊3,着生于外花被裂片的基部,花药条形,外向开裂,花丝近圆柱形,基部稍扁而宽;花柱上部稍扁,顶端3裂,裂片边缘略向外卷,有细而短的毛,子房下位,倒卵形,中轴胎座,胚珠多数。蒴果倒卵形或长椭圆形,顶端无喙,常残存有凋萎的花被,成熟时室背开裂,果瓣外翻,中央有直立的果轴;种子圆球形,黑紫色,有光泽,着生在果轴上。花期6~8月,果期7~9月。

分布范围:产于东北、华北、华东、中南、西南、西北等大部分地区。安阳太行山区有分布,生于林缘或山坡草地。

观赏价值:叶片剑形碧绿,花形飘逸美观,为优良的观花观叶植物。

其他用途:根状茎药用。

(二)鸢尾属 *Iris*

1. 马蔺 *Iris lactea*

别名:马莲、马帚、箭秆风、兰花草、马兰花、马兰、白花马蔺

形态特征:多年生密丛草本。根状茎粗壮,木质,斜伸,外包有大量致密的红紫色折断的老叶残留叶鞘及毛发状的纤维;须根粗而长,黄白色,少分枝。叶基生,坚韧,灰绿色,条形或狭剑形,顶端渐尖,基部鞘状,带红紫色,无明显的中脉。花茎光滑;苞片3~5枚,草质,绿色,边

缘白色,披针形,顶端渐尖或长渐尖,内包含有 2~4 朵花;花乳白色,花被管甚短,外花被裂片倒披针形,顶端钝或急尖,爪部楔形,内花被裂片狭倒披针形,爪部狭楔形;雄蕊花药黄色,花丝白色;子房纺锤形。蒴果长椭圆状柱形,有 6 条明显的肋,顶端有短喙;种子为不规则的多面体,棕褐色,略有光泽。花期 5~6 月,果期 6~9 月。

分布范围:产于东北、西北等地区。安阳林州太行山区有分布,生于山坡草丛中。

观赏价值:马蔺根系发达,叶量丰富,耐干旱贫瘠,长势旺盛,管理粗放,为抗旱、抗杂草、抗病虫害的优良观赏地被植物。

其他用途:根、叶、花、种子均可入药。

十、兰科 *Orchidaceae*

(一)绶草属 *Spiranthes*

1. 绶草 *Spiranthes sinensis*

别名:盘龙参、红龙盘柱、一线香

形态特征:多年生草本。植株高可达 30 cm。根数条,指状,肉质,簇生于茎基部。茎较短,近基部生 2~5 枚叶。叶片宽线形或宽线状披针形,极罕为狭长圆形,直立伸展,先端急尖或渐尖,基部收狭具柄状抱茎的鞘。花茎直立,上部被腺状柔毛至无毛;总状花序具多数密生的花,呈螺旋状扭转;花苞片卵状披针形,先端长渐尖,下部的长于子房;子房纺锤形,扭转,被腺状柔毛;花小,紫红色、粉红色或白色,在花序轴上呈螺旋状排生;萼片的下部靠合,中萼片狭长圆形,舟状,先端稍尖,与花瓣靠合呈兜状;侧萼片偏斜,披针形,先端稍尖;花瓣斜菱状长圆形,先端钝,与中萼片等长但较薄;唇瓣宽长圆形,凹陷,先端极钝,前半部上面具长硬毛且边缘具强烈皱波状啮齿,唇瓣基部凹陷呈浅囊状,囊内具 2 枚胼胝体。花期 7~8 月。

分布范围:产于全国各省区。安阳林州太行山区有分布,生于海拔 1 000 m 以上的山坡林下、灌丛下、草地。

观赏价值:优良的园林观花植物。

其他用途:全草药用。

参 考 文 献

[1] 叶永忠,路纪琪,赵利新,等.河南太行山猕猴国家级自然保护区(焦作段)科学考察集[M].郑州:河南科学技术出版社,2015.

[2] 王印政,张树仁,赵宏,等.云台山植物[M].郑州:河南科学技术出版社,2012.

[3] 辛泽华,张子健,范喜梅,等.焦作植物志[M].西安:地图出版社,2012.

[4] 中国科学院中国植物志编辑委员会.中国植物志[M].北京:科学出版社,1999.

[5] 穆丹,梁英辉,等.紫苞鸢尾在佳木斯地区引种栽培研究[J].安徽农学通报,2013(16):120-121.

[6] 刘莹,孙跃枝,田转运.太行菊的生物学特性及保护利用[J].湖北农业科学,2012:3775-3776.

[7] 周敏,刘基男.认识中国植物 西南分册[M].广州:广东科技出版社,2018:125.

[8] 张颖,贾志斌,杨持.百里香无性系的克隆生长特征[J].植物生态学报,2007,31(4):630-636.

[9] 李冬青.宽叶苔草园林观赏栽培技术及应用初步研究[J].黑龙江科技信息,2013(31):251.

[10] 杨化峰,核桃楸苗木人工繁育技术[J].现代农业研究,2015(3):47.

[11] 陈德华.优良绿化植物——千金榆与兰邯千金榆[J].花卉,2018(5):12-13.

[12] 李令,郑道爽.栓皮栎的特征特性及栽培技术[J].现代农业科技,2010(3):189.

[13] 王丽清.大叶朴生态习性及主要用途[J].山西林业,2016(6):39-40.

[14] 张守忠.甘肃主要绿化树种识别与栽培[M].甘肃科学技术出版社,2015:80.

[15] 杨贵凤,赵朝立,杨淑芬.中国林副特产:观赏植物石竹[J].人工栽培技术,2013(1):52-53.

[16] 邢爱英,于桂琴,张林,等.华北耧斗菜的生物学特性及其营养成分[J].山东林业科技,1998(3):15-16.

[17] 董东平,马纯艳.太行山中段野生翠雀花的种群特征及繁殖技术[J].安徽农业科学,2012(4):60-85.

[18] 李祖清.花卉园艺手册[M].四川:四川科学技术出版社,2004:989-993.

[19] 刘占朝.三叶木通研究进展综述[J].河南林业科技,2005(3):24.